城市市政设施养护与维修系列丛书

城市管道养护与维修

主　编　汪成森　赵庆礼　王云江

U0177946

中国建材工业出版社

图书在版编目（CIP）数据

城市管道养护与维修/汪成森，赵庆礼，王云江主
编．--北京：中国建材工业出版社，2020.1
（城市市政设施养护与维修系列丛书）
ISBN 978-7-5160-2760-8

Ⅰ.①城… Ⅱ.①汪… ②赵… ③王… Ⅲ.①市政工
程—排水管道—保养 ②市政工程—排水管道—维修 Ⅳ.
①TU992.4

中国版本图书馆 CIP 数据核字（2019）第 273132 号

内 容 简 介

本书主要内容包括概论、排水管道养护技术、排水管道设施运行维护管理、排水管道维修与开挖技术、排水管道非开挖修复技术、雨水设施养护与维修、排水设施养护安全技术等。

本书可供从事管道工程、市政工程养护与管理的技术人员学习参考，也可作为普通高校土木工程、市政工程、道路工程等相关专业的教学用书。

城市管道养护与维修
Chengshi Guandao Yanghu yu Weixiu
主编 汪成森 赵庆礼 王云江

出版发行：中国建材工业出版社
地　　址：北京市海淀区三里河路 1 号
邮　　编：100044
经　　销：全国各地新华书店
印　　刷：北京鑫正大印刷有限公司
开　　本：850mm×1168mm　1/32
印　　张：5.125
字　　数：110 千字
版　　次：2020 年 1 月第 1 版
印　　次：2020 年 1 月第 1 次
定　　价：**36.00 元**

《城市市政设施养护与维修系列丛书
——城市管道养护与维修》
编写委员会

主　　编：汪成森　赵庆礼　王云江

副 主 编：高尔伟　金汇丰　王黎明　徐会忠
　　　　　张　君

参　　编：马巧明　王宇飞　王建梁　卢学成
　　　　　吕存孝　江志华　刘益兵　张一倩
　　　　　张　于　张敏建　沈黎明　邵　俊
　　　　　金海钢　陈锡飞　洪永双　顾跃华
　　　　　翁培良　姬战生　曹海军　郭跃峰
　　　　　舒炜华　鲍伟忠　裘江林

（参编按姓氏笔画排序）

主编单位：杭州市水务控股集团有限公司排水管网公司

参编单位：杭州国通建设有限公司
　　　　　杭州市路桥集团股份有限公司
　　　　　杭州菲克斯管道工程有限公司

序

近年来我国城市道路、城市桥梁、城市管道、城市轨道与城市隧道建设发展迅速，未来几年建设任务更繁重。随着道路、桥梁、管道、轨道及隧道等使用时间的延长，加之交通量及轴重增大、气候环境恶化等因素影响，路面不同程度出现开裂，桥梁、管道出现破损等，严重影响车辆的正常通行与安全。

为了延长道路、桥梁等基础设施的使用年限并保障其畅通，确保其服务水平与安全，我们必须本着"建养并重、以养为主、预防为主、防治结合"的原则，采取有效的养护措施。确保使用安全和服务水平是养护工作的核心，且具有十分重要的意义。

多年来，杭州市路桥集团股份有限公司致力于城市道路、城市桥梁、城市管道、城市轨道与城市隧道的养护维修技术研发，为提高养护工作效益，减少养护安全投入，持续开展了道路、桥梁养护技术方面的研究，研发了一些新技术、新材料与新工艺，积累了丰富的经验。为了提高养护和维修的管理水平，保证基础设施的质量与安全，同时也便于现场一线技术和管理人员的学习与使用，特编写了这套《城市市政设施养护与维修系列丛书》。本系列丛书主要包括：

(1)《城市道路养护与维修》

(2)《城市桥梁养护与维修》

(3)《城市管道养护与维修》

(4)《城市轨道养护与维修》

（5）《城市隧道养护与维修》

（6）《城市河道养护与维修》

本系列丛书力求内容详实、系统、新颖、实用，紧密结合市政工程、养护维修一线的实际情况，突出实际应用。通过阅读本系列丛书，可以使养护维修技术在实际施工中切实地加以落实，并促进同仁间的学习交流。

王云江

前　言

　　城市管道属于城市市政基础设施范畴，包括雨水管道、污水管道、热力管道、燃气管道等。本书主要介绍雨水管道、污水管道两种主要依靠重力实现排水功能的市政管道。热力管道、燃气管道等依靠压力输送介质的管道将在本系列丛书中单独成册进行介绍，故不再赘述。

　　市政排水管网是城市市政基础设施建设的重要组成部分，随着城市建设的发展而逐步形成。市政排水管网是与人民生活息息相关的基础设施，城市排水管网的使用状况是否良好，很大程度取决于管网的管理与维护。因此，排水设施是否完好，功能是否健全，涉及千家万户的切身利益，其养护质量的优劣是社会关注的热点，关系着城市防涝等重大问题。

　　通过对市政管网的日常养护管理工作，确保地下"毛细血管"健康运行，减小或避免问题的发生，延长管道的使用寿命，进而保障国家和人民的生命财产安全。可见，做好排水管道的养护管理工作，充分发挥其功能，保证其正常运行，对于维持城市秩序，提升城市品位，有着重要意义。

　　杭州市水务控股集团有限公司长期致力于杭州市水务板块的建设，下属的排水管网分公司主要负责杭州市主城区范围内污水管网的运行与管理，有着几十年城市管道养护与维修的专业经验，培养了一大批高素质的专业人才队伍。本书根据排水管网分公司多年的实践经验，梳理日常工作和管理的成果，系统地阐述了排水管网养护与维修方面的技术、运维、维修、安全要点。本书可用于指导排水管道养护单位开展日常的养护与维修工作，也可作为行业内的交流材料，供有关单位借鉴参考。

本书在编撰过程中得到了杭州路桥集团有限公司和杭州国通建设有限公司的大力支持。因此，本书将排水管道非开挖修复技术和雨水设施养护与维修单独成章，旨在系统介绍排水管道非开挖修复的各种施工技术和施工管理，以及雨水设施在养护与维修中的重点、要点。

限于水平，本书难免有疏漏和不足之处，敬请广大读者不吝指导。

编　者
2019 年 11 月

目　　录

第1章 概 论

1.1 排水系统的作用

在城镇人口集中地区，每时每刻都产生着大量废水。这些废水有生活污水、工业废水和自然降水（雨雪）。其中，工业废水和生活污水含有大量有害、有毒物质和多种细菌，严重污染自然环境，传播各种疾病，直接危害人们的身体健康。另外，雨水若不能及时排除，会淹没街道，中断交通，使人们不能正常进行生活和生产。因此，为了保证城镇有一个良好的生活和生产环境，必须对城镇废水进行合理收集、输送、处理、利用和排放，而担当此项任务的就是城镇排水系统，统称排水工程或下水道工程。

排水工程是城市建设的重要基础设施之一。中华人民共和国成立后，特别是改革开放以来，随着城市和工业建设的迅速发展，城市排水工程建设也有了很大的发展。以杭州为例，20世纪末，杭州市主城区污水管道设施仅有200余千米。经过20余年的建设，杭州市主城区的污水管网也随着城市的发展不断扩大，形成了多个系统的污水管网，管网设施量达到1200余千米。随着排水工程建设的发展，逐步形成与其相适应的下水道养护专业队伍，为开展下水道养护技术与科学管理工作奠定了基础。

1.2　排水管道养护的作用

排水管道及其构筑物，在使用过程中会不断损坏，如污水中的污泥沉积淤塞排水管道、水流冲刷破坏排水构筑物、污水与气体腐蚀管道及其构筑物、外荷载损坏结构强度等。为了使排水系统构筑物设施经常处于完好状态，保持排水通畅、不产生淤泥，保持排水系统的正常使用，必须对排水管道进行经常性的养护。

排水管道养护对象有管道及检查井、雨水口、截流井、倒虹吸管、进出水口、机闸等管道附属设施。排水管道养护内容包括排水管道设施定期检查、清洗、疏通、日常养护、维修、附建物整修、附建物翻建、有毒有害气体的监测与释放、突发事件的处理等。在不同的季节，如旱期、雨期、冬期，排水管道水量和水质也会有不同，因此随着季节的变化，排水管道养护工作内容和重点也会有所不同。

1.3　排水管道的维修方式

排水管道修复根据是否开挖可分为非开挖修复技术和开挖修复技术。开挖修复即使用机械开挖沟渠，在管道安装修复或置换完成后再回填沟槽，适用人口密度不高，施工场地宽阔、对交通影响较小的场地。然而，在人口稠密、车流量大的城市建成区，开挖施工会对社会及环境造成多方面的不利影响，适合采用非开挖修复。

第2章　排水管道养护技术

2.1　排水管道巡查

2.1.1　重力管涵巡查

重力管涵包含重力管道和排水箱涵。重力管涵内水体在重力的作用下流动，受地形、坡度等影响，流速变化大，在流速缓慢的管段，水中杂质容易淤积，影响管道过水量和运行安全。按照相关规范要求重力管涵每隔一段距离必须设置检查井等设施，连接上下游管道及供养护人员检测、维护或进入管内的构筑物。

结合重力管涵特点，重力管涵巡查内容包含：管道是否畅通，有无壅水、堵塞；是否有地下水或海水进入；有无违章排放（工业废水、建筑泥砂浆水、油烟等）；有无其他管线违章接入；有无雨污水系统（雨污合流除外）混接等情况。

2.1.2　压力管道巡查

压力管道通过水泵等提压促使污水流动，流速受动力消耗和管道材质等影响。压力管道淤积情况通常好于重力管道。

在排水压力管道中存在着大量的气体，这些气体来自几个方面：泵吸入、压力降低释放气体及污水自身产气。污水泵站发生非正常运行时，会产生水锤现象，而气体的存在又会加剧水锤危害，导致污水管破裂，一般采用设置透气井、排气阀等来解决这个问题。

结合压力管道特点，压力管道巡查内容包含：透气井是否有浮渣；排气阀、压力井、透气井设施是否完好有效；定期开盖检查压力井盖板，检查盖板是否锈蚀、密封垫是否老化、井体是否有裂缝及管内淤积等情况。

2.1.3　路面巡查

城市排水检查井属半密闭空间，管道中含有硫化氢等有毒气体，因管理不善或作业不规范等易发生人员坠落或中毒致死事故；管道破损、接口脱落会造成污水外溢掏空路基，将导致地面塌陷，威胁行人及车辆安全。因此及时进行管道路面巡查是避免安全隐患、确保管网安全运行的重要手段。

管道路面巡查内容包含：①排水管道周边路面、绿化带等是否有下陷、坍塌以及排水外溢等异常情况；②检查井盖是否破损、缺失、松动，有无下陷或高出路面，是否存在影响交通、安全及扰民等情况；③排水井盖有无与其他类别井盖混盖，机动车道上的井盖型号及材料是否符合要求；④有无破坏、覆盖污水管网及附属设备（井）现象，有无在管道上方违章建筑。

2.1.4　截流设施巡查

按照建设规范城市排水管网进行的雨污分流设计，由于雨污管道混接、错接，以及沿街店面任意倾倒废水、住宅阳台功能改变等，导致雨污分流不彻底。随着环境保护要求的提升，对雨水排放口、排放箱涵实施截流，将未分流的污水和初期雨水收集进入污水厂集中处理。雨水排放口和排放箱涵承担城市排洪功能，如何做到晴天污水全截流、雨天不影响排洪是截流设施建设和管理的重点。为确保晴天截流设施的污水截流功能，日常巡查内容包含：①截流堰等构筑物是否完好；②截流闸门等设备是否处于正常运行工况中；③垃圾杂物是否及时清理；④晴天截流污水是否有溢流等。

2.2　排水管道日常养护技术

2.2.1　检测井日常养护技术

1. 井盖防跳

排水管道的建设通常跟随道路同步建设，道路上的检查井盖长期经受机动车等碾压，井盖与井框密合度容易下降，当车辆快速经过时，易发生井盖跳起脱离井座的事故，造成车损人伤甚至更严重的安全事故。

常用的检查井井盖有非金属井盖，如水泥井盖、复合材料井盖等；金属井盖，如球墨铸铁井盖等。非金属井盖一般由于破损或规格不匹配造成下沉或松动，容易造成松脱"弹跳"，应及时发现并更换。金属井盖除提高井盖加工精度外（包括对铸铁井盖与井座的接触面进行车削加工），还应在井盖和井框的接触面安装防震橡胶圈。

2. 井盖防沉降

沥青混凝土路面已成为城市道路中运用最广泛的路面，然而依附于道路上的各类检查井井盖普遍存在不同程度的损坏，严重影响城市道路的使用性能，危及车辆和行人的交通出行安全，以及影响路面行车的舒适度。

可调式防沉降井盖通过施工预装混凝土调节环，消除井盖对井圈的硬性压力，通过增宽其外沿，增大受力面积，使得井盖所承受的压力充分分散到路面，可以根据需要将不同高度的混凝土调节环固定在窨井顶部，解决检查井沉陷、井盖周边沥青混凝土脱落等问题。

2.2.2　井下作业

井下作业属于有限空间作业，是指作业人员进入污水检查井实施的作业活动。由于作业空间封闭或部分封闭，进出口较为狭窄有限，所以未被设计为固定工作场所。另外因为自然通风不良，容易造成有毒有害、易燃易爆物质积聚或氧含量不足，如果作业不当则会引发中毒、缺氧、燃爆及坠落、溺水、电击等危害。

1. 井下作业流程

应尽可能减少井下作业，尽量利用工具或机械设备代替人工井下的工作。井下作业，必须执行下井作业票制度。

井下作业程序：

（1）出车前检查。检查安全作业工具和设备是否齐全，性能是否良好。

（2）到达现场后，车辆根据作业需要停放在合适的位置，尽量不妨碍交通和行人。

（3）设置警示标志。作业人员下车作业，须头戴安全帽、身穿反光服，在作业区域用反光路锥、三角旗（反光带）设置封闭作业区，将作业警示标志牌等放在适当且显眼的位置。

（4）作业现场严禁明火。严禁携带火种、易燃易爆物品下井，必须采用防爆型照明设备，其供电电压不得大于 12V。

（5）通风、降水和气体检测。井下作业期间必须保持管道内通风，观察井内水位和气体浓度变化等情况，使用通风设备保持井内持续通风，每隔 20min 用气体检测仪检测一次，合格后才可继续作业。

（6）下井作业时，井上应有不少于两人监护。若进入管道，还应在井内增加监护人员作为中间联络员。监护人员不得擅离职守，要经常和井下作业人员保持联络。

（7）收尾工作。井下作业结束后，要盖回检查井盖，收拾好工具，清理并清洗作业现场。

2. 井下通风

井下通风方式有自然通风和强制通风两种。一般地下管线检测采用自然通风即可，但必须打开作业井盖和其上下游 3～4 个井盖，通风时间不应少于 30min。当排水管道经过自然通风后，井下气体浓度仍不符合要求，作业前必须采用强制通风，可用鼓风机接上风管实施管道通风。管道内机械通风的平均风速不应小于 0.8m/s。通风后，井下的含氧量及有毒有害、易燃易爆气体浓度必须符合有关规定。

3. 气体检测

（1）气体检测应测定井下的空气含氧量以及常见有毒有害、易燃易爆气体的浓度和爆炸范围。

（2）井下的空气含氧量不得低于 19.5%。

（3）井下有毒有害气体的浓度除应符合国家现行有关标准的规定外，常见有毒有害、易燃易爆气体的浓度和爆炸范围还应符合有关规定。

（4）气体检测人员必须经过专项技术培训，具备检测设备操作能力。

（5）应采用专用气体检测设备检测井下气体。

（6）气体检测设备必须按相关规定定期进行检定，检定合格后方可使用。

（7）气体检测时，应先搅动作业井内泥水，使气体充分释放，保证测定井内气体实际浓度。

（8）检测记录应包括下列内容：检测时间、检测地点、检测方法和仪器、现场条件（温度气压）、检测次数、检测结果和检测人员。

（9）可燃气体检测点应位于井口的中间位置。

（10）气体检测读数应以表头读数平稳后的数据作为单次检测结果，每个点测 3 次，取平均值。

4. 管道清通

污水管网的清通是污水管网运行过程中一项长期工作，管道不畅通，对污水处理厂进水的水质、水量都会造成很大的影响。清通的方法主要有水力清通、机械清通和专用设备清通三种方法。

1）水力清通

水力清通的方法是利用管道中污水，相邻河、湖水或城市使用的自来水对污水管道进行冲洗。冲洗原理：用人为的方法，提高沟道中的水头差，增加水流压力，加大流速和流量来清洗管道的沉积物。其具体操作方法：用带有钢丝绳的充气球体堵住检查井下游管段的进口，钢丝绳用固定支架与绞车相连。检查井上游管段充水，当井内水位升高并上升到 1m 左右时，突然释放球体内空气，这样球体就会逐渐缩小并浮至水面，由于水流的作用，充入的水在上游水头作用下，以较大的流速从球体下穿过，长期在管底沉积的淤泥由于水流作用会进入下游检查井中，这样淤泥就可用吸泥车抽走。

我国城市排水管道清淤，用水力清通方法比较普遍。它的优点就是操作简便，安全可靠，工作效率高，工人工作条件较好，管道内污泥清除比较彻底，甚至一些沉积在管道中的碎砖瓦、石块也全部会被冲刷到下游检查井中，最后用吸泥车吸走。

2) 机械清通

当管道沉积物严重，特别是长年不清理，淤泥粘连密实，用水力清通效果较差时，一般要采用机械清通方式。在需要疏通的井段上下游井口地面上，分别设置一个绞车（人工绞车或机动绞车）。将5～6cm宽的竹片衔接成长条，用竹片连通两井沟段，竹片的作用是使钢丝绳穿过沟道，把钢丝绳两端连接上通沟工具。这些工具一般可分为3种类型：起疏松淤泥作用的耙犁工具，如铁锚、弹簧拉刀等；起推移清除污泥作用的疏通工具，如拉泥刮板等；起清扫沟道作用的刷扫工具，如管刷子等，适用于中小型管道。

3) 专用设备清通

专用设备清通就是利用清通设备完成疏通、清除下水道中的污物，也是利用水力清通的一种方法，常用的有高压清洗车、联合疏通车等。

5. 管道清障

随着城市化发展，大量房地产开发及市政建设全面展开，部分城市雨水及污水管道出现了严重淤积情况，如施工企业将水泥砂浆、建筑废料等倾倒入管道。同时，出现了人行道树树根深入许多老旧管道内部，严重影响了管道的正常排水等。这些严重的淤积情况，采用常规的高压冲洗车无法进行有效疏通清洗，特别是400mm以下的管道，由于无法进行人工作业，管理单位往往束手无策。

1）链式切割机型喷头

该类型喷头专门用于清除管道内树根及严重淤积。喷头配套高压冲洗车作业，喷头前端有特种稀土合金刀头及特制链条（可根据管径及工况选择不同型号），配合不同支架放入管道，喷嘴为陶瓷制，通过高压冲洗车高压水流推动喷头在管道内高速旋转对障碍物进行切割清除。

2）水泥粉碎机型喷头

该类型喷头专门用于管道混凝土等建筑废料淤积清除，喷头工作原理类似隧道及地铁掘进的"盾构机"。喷头配套高压冲洗车作业，喷头前端有特种稀土合金刀盘及支架（可根据管径不同调节），喷嘴为陶瓷制造，通过高压冲洗车高压水流推动刀盘在管道内高速旋转对障碍物进行研磨清除。

6. 管道封堵及拆除

管道封堵前现场负责人应协调相关泵站或安装临时水泵以降低作业管段水位，并做好临时排水措施。封堵管道应先封上游管口，再封下游管口；拆除封堵时，应先拆下游管堵，再拆上游管堵。

1）封堵管道可采用充气管塞、机械管塞、木塞、止水板、黏土麻袋或墙体等方式。封堵方法的选用应符合表 2-1 的要求。已变形的管道不得采用机械管塞或塞封堵，带流槽的管道不得采用止水板封堵。

表 2-1　管道封堵方法

管道封堵方法	小型管	中型管	大型管	特大型管
充气管塞	√	√	√	—
机械管塞	√	—	—	—
止水板	√	√	√	√

续表

管堵方法	小型管	中型管	大型管	特大型管
木塞	√	—	—	—
黏土麻袋	√	—	—	—
墙体	√	√	√	√

注：表中"√"表示适用，"—"表示不适用。

2) 使用充气管塞封堵管道应符合下列规定

(1) 必须使用合格的充气管塞。

(2) 管塞所承受的水压不得大于该管塞的最大允许压力。

(3) 安放管塞的部位不得留有石子等杂物。

(4) 应按规定的压力充气，在使用期间必须有专人每天检查气压状况，发现低于规定气压时必须及时补气。

(5) 应按规定做好防滑支撑措施。

(6) 拆除管塞时应缓慢放气，并在下游安放拦截设备。

(7) 放气时，井下操作人员不得在井内停留。

3) 采用墙体封堵管道应符合下列规定

(1) 根据水压和管径选择墙体的安全厚度，必要时应加设支撑。

(2) 在流水的管道中封堵时，宜在墙体中预埋一个或多个小口径短管，用于维持流水，当墙体达到使用强度后，再将预留孔封堵。

(3) 大管径、深水位管道的墙体封拆，可采用潜水作业。

(4) 拆除墙体前，应先拆除预埋短管内的管堵，放水降低上游水位；放水过程中人员不得在井内停留，待水流正常后方可开始拆除。

(5) 墙体必须彻底拆除，并清理干净。

2.2.3 特殊管道养护技术

1. 倒虹管养护

倒虹管是指倒虹吸的管道，是从地下或敷设在地面穿过河渠、溪谷、洼地或道路的输水压力管道，多采用钢筋混凝土管或预应力钢筋混凝土管，也可采用混凝土管或钢管。管道遇到河道、铁路等障碍物，不能按原有高程埋设，而应按从障碍物下面绕过时采用的一种倒虹形管段。通过河道的倒虹管，一般不宜少于两条；通过谷地、旱沟或小河的倒虹管，可采用一条。倒虹管在倒虹段容易产生淤积，除了在设计时满足特别考虑外，在日常保养中应做到以下几点：

（1）倒虹管进水井的前一座检查井，应设置沉泥槽，并定期进行清淤。

（2）倒虹管养护宜采用水量冲洗的方法，冲洗流速不宜小于 1.2m/s。在建有双排倒虹管的地方，可采用关闭其中一条，集中水量冲洗另一条的方法。

（3）过河倒虹管的河床覆土不应小于 0.5m。在河床受冲刷的地方，应每年检查一次倒虹管的覆土状况。

（4）在通航河道上设置的倒虹管保护标志应定期检查和上油漆，保持结构完好和字迹清晰。

（5）对过河倒虹管进行检修前，当需要抽空管道时，必须先进行验算。

2. 压力管道养护

压力管道是一个系统，相互关联、相互影响，牵一发而动全身。压力管道的日常维护保养是保证和延长其使用寿命的重要基础，因此压力管道的操作人员必须认真做好压力管道的日常维护工作。压力管道养护应符合下列规定：

（1）定期巡视，及时发现并修理渗漏、冒溢等情况。

（2）压力管道应采用满负荷开泵的方式进行水力冲洗，至少每 3 个月一次。

（3）定期清除透气井内的浮渣。

（4）保持排气阀、压力井、透气井等附属设施的完好有效。

（5）定期开盖检查压力井盖板，发现盖板锈蚀、密封垫老化、井体裂缝、管内积泥等情况应及时维修和保养。

3. 深水排放管道养护

排放口是将污水（雨水）向水体排放的构筑物。其任务是使排放的污水（雨水）与水体中的水尽快得到最大限度的混合，使排放污水中的污染物尽快得到稀释扩散并进一步降解净化。其中淹没式的深水排放口的环境效果最好，排放口前常设简单的沉淀池和加压泵站，经处理并加压后将污水送入污水输送管，然后经排放口排入水体。

深水排放管道的养护应做好以下几个方面：

（1）排放口周围水域不得进行拉网捕鱼、船只抛锚或工程作业。

（2）排放口应设置浮标或标志牌，标志牌应定期检查和上油漆，保持结构完好和字迹清晰。

（3）排放口宜采用潜水检查的方法了解管道周围水域变化、管道淤积、构件腐蚀和水下生物附着情况。

（4）应定期采用满负荷开泵的方法进行水力冲洗，保持排放管和喷射口的畅通，每年冲洗的次数不应少于两次。

4. 明渠养护

明渠养护应包括以下几个方面：

（1）定期打捞水面漂浮物，保持水面整洁。

（2）及时清理落入渠内阻碍明渠排水的障碍物，保持水流畅通。

（3）定期整修土渠边坡，保持线形顺直、边坡整齐。

（4）每年枯水期应对明渠进行一次淤积情况检查，明渠的最大积泥深度不应超过设计水深的1/5。

（5）明渠清淤深度不得低于护岸坡脚顶面。

（6）定期检查块石渠岸的护坡、挡土墙和压顶，发现裂缝、沉陷、倾斜、缺损、风化、勾缝脱落等应及时修理。

（7）定期检查护栏、里程桩、警告牌等明渠附属设施，并保持完好。

（8）明渠宜每隔一定距离设置清淤运输坡道。

2.3　排水管道检测技术

2.3.1　排水管道检测技术的应用

一般来说，排水管道发生事故的可能性随着管道使用时间的增长而急剧增加，因此为了避免事故的发生，必须尽快采取有效措施。运用先进技术开展管道状况调查，准确掌握管道状况并对其存在的缺陷进行及时维护，不仅可以避免事故的发生而且可以大大延长管道的寿命。排水管道仪器检测技术主要分为三种，即潜望镜检测、管道闭路电视检测系统（Close Circuit Television Inspection，CCTV）和声呐检测。目前，排水行业主要采用前两种技术。声呐检测技术因其抗干扰能力较弱，未能得到广泛应用。

1. 潜望镜检测

管道潜望镜检测（Pipe Quick View Inspection）是一种采用管道潜望镜在检查井内对管道进行检测的方法，简称 QV 检测。它通过操作杆将高放大倍数的摄像头放入检查井或隐蔽空间，能够清晰地显示管道裂纹、堵塞等内部状况。设备由探照灯、摄像头、控制器、伸缩杆、视频成像和存储单元组成。

潜望镜为便携式视频检测系统，操作人员将设备的控制盒和电池挎在腰带上，使用摄像头操作杆（一般可延长至 5.5m 以上）将摄像头送至窨井内的管道口，通过控制盒来调节摄像头和照明以获取清晰的录像或图像。数据图像可在随身携带的显示屏上显示，同时可将录像文件存储在存储器上。该设备对窨井的检测效果非常好，也可用于靠近窨井管道的检测。该技术简便、快捷、操作简单，目前在很多城市得到应用。

2. 管道闭路电视检测系统（CCTV）

采用闭路电视系统进行管道检测的方法，是使用最久的检测系统之一，也是目前应用最普遍的方法。CCTV 的基本设备包括摄像头、灯光、电线（线卷）及录像设备、监视器、电源控制设备、承载摄影机的支架、爬行器、长度测量仪等。

闭路电视检测系统是指通过闭路电视录像的形式，将摄像设备置于排水管道内，拍摄影像并传输至计算机后，在终端电视屏幕上进行直观影像显示和影像记录存储的图像通信检测系统。检测时操作人员在地面远程控制 CCTV 检测车的行走并进行管道内的录像拍摄，由相关的技术人员根据这些录像进行管道内部状况的评价与分析。

2.3.2　排水管道检测技术的基本规定

现场踏勘取得的资料是制订检测方案的重要依据。现场踏勘应包括下列内容：查看待检测管道区域内的地物、地貌、交通状况等周边环境条件；检查管道口的水位、淤积和检查井内构造等情况；核对检查井位置、管道埋深、管径、管材等资料。在进行现场踏勘时，专业人员应该熟悉和管道工程相关的专业知识，包括管材、管径、基础、接口、埋深等专业术语的含义。排水管材、市政排水管道常用的混凝土、钢筋混凝土管道常用的基础和砂石基础及接口形式；塑料排水管材的基础为砂石基础。

管径是制订检测方案的重要依据。CCTV 检测时，不同的管径需要对应不同的设备；声呐检测时，不同的管径也需要选择不同的脉冲宽度。在管道检测的调查资料中，管径应该用公称直径表示。通常标注的排水管道的管径为管道的公称直径，如 DN 1000mm，表示该管道的公称内径为 1000mm，而作为内窥检测的 CCTV 和声呐检测，主要关注的是管道内径。在涉及精确测量的时候，有时需要进行实地测量，以得到较为准确的管道内径数据。

管道埋深是制订检测方案的重要参数之一。在图纸中，排水管道标高标注的是管内底标高。管外顶距地面的距离称为覆土厚度，管底至地面的距离称为管道埋深。埋深大小除影响管道检测设备的选择外，还影响到操作安全。塑料管道的环刚度是塑料管道抵抗变形的重要指标，在判断塑料管道变形等缺陷时，结合管道环刚度，能够客观地判断管道变形的原因。

2.3.3　排水管道检测的检测方案

检测方案应包括下列内容：

（1）检测的任务、目的、范围和工期。

（2）待检测管道的概况（包括现场交通条件及对历史资料

的分析）。

（3）检测方法的选择及实施过程的控制。

（4）作业质量、健康、安全、交通组织、环保等保证体系与具体措施。

（5）可能存在的问题和对策。

（6）工作量估算及工作进度计划。

（7）人员组织、设备、材料计划。

（8）拟提交的成果资料。

检测方案是检测任务实施的指导性文件，其中包括人员组成方案（负责人、检测人员、资料分析人员等）、技术方案（检测方法、封堵导流的措施、管道清洗方法、进度安排等）、安全方案（安全总体要求、现场危险因素分析、安全措施预案等）等。此外，根据任务大小，还有现场保护方案、后勤保障方案。检测方案应根据检测目的和管网的实际情况编制。方案涉及交通临时占用道路方案、封堵调水方案、疏通清洗方案、内窥检测方案等。对有些任务简单、时间短的管道检测可不制订复杂的方案。

2.3.4　排水管道检测的实施

1. 检测过程中的注意事项

排水管道的检测应严格按照编制完成的排水管道检测方案实施。在检测过程中应注意以下几点：

（1）临时占用道路方案需送交通管理部门及市政管理部门批准后实施。由于道路的交通状况不一，需根据交通法规对需要临时占用的道路进行规划，尽量避免在交通繁忙的路口占道作业。通常作业期间需同时占用起始井和终止井两个井位，对此需做好相关的交通标识。检测现场的交通标识应合理搭配，根据当地市政设施施工作业的有关规定，将临时占用的道路用护栏进行必要的围蔽并有专人负责。方案的确定以方便作业，不影响或少影响交通为准则。夜间施工还应根据规定配备相应的交通警示灯，既要保证自身的安全，又要保证行人车辆的安全。

（2）检测管段上游的来水可根据具体情况进行处理。一般情况下上游来水的处理有两种：一是将上游来水用水泵抽至另外的排水管道，二是将上游来水用水泵抽至被检测管段的下游。两种方式均需对管道进行封堵，将检测管段分成若干段，尽量避免重复封堵。封堵前需绘制临时封堵示意图，重点分析交叉路口的管道封堵方案。经综合比较后确定的最终封堵方案，应报有关部门审核批准，切不可擅自将管道进行封堵。

（3）管道疏通是针对排水管道没有达到养护标准的情况或堵塞的情况下，对其实施的措施，目的是保障排水管道的排水功能。这项工作通常由专业的市政养护单位清理，使用的工具包括水力疏通、绞车、通球和高压射水车等。此方案的制订，需综合分析管道中堵塞物的厚度及主要构成。管道疏通可在管道封堵之前或封堵之后进行。

（4）管道清洗是对管道内壁进行详细检测之前进行的预处理。清洗的目的是将附着在管道内壁的污物清洗干净。管道清洗前需先将管道中的水抽空，以保证管道清洗后不被再次污染。管道清洗的工具通常为高压清洗车，部分大管径也可使用高压射水枪。

（5）管道内窥摄像检测由于工艺的要求，管道中水位不应超过管径的 20%，当超过规定的水位时，需要对管道进行临时封堵抽水。封堵方案的确定应根据管径和流量的大小区别对待。当采用声呐检测时，一般无须进行管道封堵、抽水和清

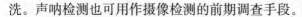

洗。声呐检测也可用作摄像检测的前期调查手段。

2. 现场检测程序应符合下列规定

（1）检测前应根据检测方法的要求对管道进行预处理，如封堵、吸污、清洗、抽水等。预处理的好坏对检测结果影响很大，甚至决定检测结果的准确性。

（2）应检查仪器设备。检测仪器和工具保持良好状态是确保检测工作顺利进行的必备条件。除了日常对检测仪器、工具的养护和定期检校外，在现场检测前还要对仪器设备进行自检，确保其完好率达 100%，以免影响检测作业的正常进行，从而保证检测成果的质量。

（3）应进行管道检测与初步判读。检测时，应在现场创造条件，使显示的图像清晰可见，为现场的初步判读提供条件。

（4）检测完成后应及时清理现场、保养设备。施工后的现场应和施工前一样，不得在操作地点留下抛弃物。每天外出前和返回时，应核查物品，做到外出不遗忘，回归不遗留。

（5）通过管道内窥检测获得的只是检测的视频或图片资料，如何通过这些视频或图片客观科学地判断管道已经或将要出现的问题才至关重要。应由具有排水管道相关知识和检测技术相结合的综合性专业人员进行缺陷判读和评估以及检测报告的编写。

为了管道修复时在地面上对缺陷进行准确定位，管道缺陷位置的纵向起算点应为起始井管道口，缺陷位置纵向定位误差不超过 ±0.5m，能够保证在 1m 的修复范围内找到缺陷。

检测系统设置的长度计量单位应为米，电缆长度计数的计量单位不应小于 0.1m。

现场检测过程中宜采取监督机制，监督人员应全程监督检测过程，并签名确认检测记录。为了保证管道检测成果的真实性和有效性，有条件的地方应该实行监督机制。监督方可以是业主监督，也可以是委托第三方监督。

由于排水管道内部环境恶劣，气体成分复杂，常常存在有毒和易燃、易爆气体，稍有不慎或检测设备防爆性差，就容易造成人员中毒或爆炸伤人事故。现场检测工作人员的数量不得少于两人，一是为了保证安全；二是为了工作方便，互相校核，保证资料的正确性和完整性。此条规定涉及人身安全和设施安全，是必须执行的强制性条款。

必须在人下井工作之前打开井盖让空气流通，并使用气体监测仪器检测井中是否有危害人体的气体存在，如果有危害人体健康的气体存在，必须在人员下井工作时采取通风工作和防止有毒、有害气体危害人体的措施，否则不能下井工作。下井工作人员必须系好安全带，井口一定要有人监视井下工作人员的行动。遇有危及人身生命安全的情况发生，首先报警请求救援，在周围有人援助的情况下，方可下井救人。

3. 在检测作业时需要注意以下几点

（1）在检测之前必须对设备进行检查，以确保工作的安全性和功能的正常发挥。

（2）检测工作区域应用安全警示筒包围，并设置交通疏导设施，同时使工作区域留有一定的活动区间。

（3）打开待检测管段内的所有检查井井盖。

（4）如果需要工作人员进入检查井内工作，必须对检查井和管道中的气体进行测试，测试合格后方可下井。使用的气体监测器应经检定。如果所有的测试都合格，还应将气体监测器放置在检测区域内的第一个和最后一个检查井内进行实时监测，要确保整个工作过程中气体监测器一直放置在正确的位置直到管道检测完成。

（5）当气体监测器出现报警时，严禁人员下井。

（6）打开检查井井盖后，工作人员在整个工作过程中严禁吸烟。

（7）现场工作人员要穿着交通识别明显的反光服。

（8）打开的检修井后要有人员看管，并用"雪糕筒"等明显的指示物围闭。

（9）穿着合适的工作服、鞋子、手套、眼镜等。

（10）接触在下水道中使用的设备或在清洗设备时，请务必戴上手套。

（11）在连接设备之前需将电源关闭。

（12）始终保持重物垂直摆放。

（13）小心拿放散件，防止造成意外伤害。

（14）避免在雨中使用系统，以免触电。

（15）准备适当的药物，以防割伤或其他伤害。

检测设备应做到定期检验和校准，并应经常维护保养。检测设备和工具保持良好状态是确保检测工作顺利进行的必备条件，也是提高检测效率和质量的保证。因此，日常应加强对检测设备和工具的养护，定期检校，确保其完好率达 100%，以免影响检测作业的正常进行或延误工期，从而保证检测成果质量的良好。

关于仪器的保养：注意摄像单元镜头旋转轴处的清洁，由于镜头旋转轴处存在一定的间隙，使用过程中及使用后，应注意保持该部分的清洁，如有异物卡塞应小心取出，若无法取出切勿硬性处理，请及时与经销商联系，避免轴发生机械性损坏。

爬行器、摄像镜头、操作键盘在现场发生故障并急需处理时，一定要由有维修经验的技术人员负责处理。通常在保修期内仪器发生故障时，应交由销售商的专业维修人员处理，与维修无关的任何人员都不能够私自拆卸组装上述仪器设备。设备污浊时应戴手套进行清洁。CCTV 检测仪器主要部件的保养方法参见表 2-2。

表 2-2　CCTV 检测仪器保养方法

设备	程序
控制电缆、盘缆等	回收电缆时，用布将电缆上的水和污物擦净，检查有无受损
摄像镜头、爬行器	从管道中取出后，将与之连接的电缆解开，用硬刷或清水去除污垢，再用干布或暖风机进行干燥
摄像镜头及照明灯的镜片	用柔软的湿布清洁，以防镜片被划伤
更换灯泡	更换时，注意将镜片的光滑面对着 O 形圈和垫片，以保证防水
连接物、插头、插槽	保持所有连接线和电子接插件清洁，用小毛刷蘸上工业酒精来清洁污垢，检查电子接插件上的针是否损坏
O 形圈和垫片	保持清洁并使用硅脂涂抹，保证密封
轮盘、轴	保持清洁，经常检查轮盘和支架的磨损；检查所有锁紧件是否牢固，及时更换已损坏件和安装遗失件；加少许汽油防止生锈
显示器、屏幕书写器、录像机和其他电子部件	使用略微潮湿的布进行清洁，不要使用有机溶剂清洁这些部件
铝箱	用湿布清洁铝箱外部即可

2.3.5　传统方法检查

排水管道检测已有很长的历史，而在新检测技术广泛应用之前，传统检测方法起到关键性的作用。传统检测方法适用范围窄，局限性大，很难适应管道内水位很高的情况，但在很多地方依然可以配合使用。

1. 主要传统方法简介

（1）目测法。观察同条管道窨井内的水位，确定管道是否堵塞。观察窨井内的水质，如果上游窨井中为正常的雨污水，而下游窨井内流出的是黄泥浆水，则说明管道中间有穿孔、断裂或坍塌。

（2）反光镜检查。借助日光折射，目视观察管道堵塞、坍塌、错位等情况。

（3）人员进入管内检查。在缺少检测设备的地区，对于大口径管道可采用该方法，但要采取相应的安全预防措施，包括暂停管道的服务，确保管道内没有有毒、有害气体（如硫化氢），这种方法适用于管道内无水的状态下。

（4）潜水员进入管内检查。如果管道的口径大且管内水位很高或者满水的情况下，可以采用潜水员进入管内潜水检查，但是由于水下能见度差，潜水员检查主要靠手摸，凭感觉判断管道缺陷，对缺陷定义因人而异，缺陷描述主要是靠检查人员到地面后凭记忆口述，准确性差；水下作业安全保障要求高，费用大。

（5）量泥杆（或量泥斗）检查。其主要用于检查窨井和管口、井内和管口内的积泥厚度。

2. 一般要求

传统检测方法虽然简单、方便，在条件受到限制的情况下可起到一定的作用，但有很多局限性，很难适应管道内水位很高的情况和现代化排水管网管理的要求。传统的排水管道养护检查的主要方法为打开井盖，用量泥杆（或量泥斗）等简易工具检查排水管道检查口处的积泥深度，以此判定整个管道的积泥情况。该方法不能检测管道内部的结构和功能性状况，如管道内部结垢、障碍物、破裂等。显然，传统方法已不能满足排水管道内部状况的检查。

新的管道检测技术与传统的管道检查技术相比，主要有安全性高、图像清晰、直观并可反复播放供业内人士研究的特点，为管道修复方案的科学决策提供了有力的帮助。但电视检测技术对环境要求很高，特别是在进行管道结构完好性检查时，必须是在低水位条件下，且要求在检测前需对管道进行清洗，这需要相应的配合工作。

本条规定结构性检查"宜"采用电视检测方法，主要是考虑人员进入管内检查的安全性差、工作条件恶劣等情况，有条件时尽量不采用人员进入管道内检查。当采用人员进入管道内检查时，则检查所测的数据和拍摄的照片同样是结构性检查的可靠成果。

人员进入排水管道内部检查时，应同时符合下列各项规定：

（1）管径不得小于 0.8m。

（2）管内流速不得大于 0.5m/s。流速大于 0.5m/s 时，作业人员无法站稳，行走困难，作业难度和危险性随之增加，作业人员的人身安全没有保障。

（3）水深不得大于 0.5m，保证小的水深也是考虑管道尽可能露出管道结构空间和保障管道内空气流动性，最好是无水状态。

（4）充满度不得大于 50%。

当采用传统方法检查不能判别或不能准确判别管道各类缺陷时，应采用仪器设备辅助检查确认。人工进入管内检查时，主要凭眼睛观察并对管道缺陷进行描述，但是对裂缝宽度等结构性缺陷尺寸的确定，应直接量测，定量化描述。

过河倒虹管道在水面以下，受到水的浮力作用。由于过河管道上部的覆盖层厚度经过河水的冲刷可能变化较大，当覆盖层厚度不足时，一旦管道被抽空后，管顶覆土的下压力不足以抵抗浮力时，管道将会上浮，造成事故。因此，水下管道需要抽空进行检测时，首先应对现场的管道埋设情况进行调查，抗浮验算满足要求后才能进行抽空作业。

在检查过程中宜采集沉积物的泥样，并判断管道的异常运行状况。有些传统检查方法仅能得到粗略的结果，如观察同一管段两端检查井内的水位，可以确定管道是否堵塞；观察检查井内的水质成分变化，若上游检查井中为正常的雨污水，下游检查井内若流出的是黄泥浆水，则说明管道中间有断裂或塌陷，但是断裂和塌陷的具体状况仅通过这种观察不能确定，需另外采用仪器设备（如闭路电视、管道潜望镜等）进行确认检查。

检查人员进入管内检查时，必须拴有带距离刻度的安全绳。一方面是在发生意外的情况下，帮助检查人员撤离管道，保障检查人员的安全；另一方面是检查人员发现管道缺陷向地面记录人员报告情况时，地面人员确定缺陷的距离，及时记录缺陷的位置。

3. 目视检查

地面巡视应符合下列规定：

（1）地面巡视主要内容：

① 管道上方路面沉降、裂缝和积水情况。

② 检查井冒溢和雨水口积水情况。

③ 井盖、盖框完好程度。

④ 检查井和雨水口周围的异味。

⑤ 其他异常情况。

（2）地面巡视检查应按本规程规定填写检查井检查记录表和雨水口检查记录表。

运行的管道内经常存在有毒、有害、可燃气体，且下水道内工作环境恶劣，有很多的污染物或污秽物。检查人员进入管道时应使用隔离式防毒面具，携带防爆照明灯具和通信设备。在检查管道过程中，管内人员应随时与地面人员保持通信联系。

下井作业工作环境恶劣，工作面狭窄，通气性差，作业难度大，工作时间长，危险性高，有的存有一定浓度的有毒、有害气体，作业稍有不慎或疏忽大意，极易造成操作人员中毒的死亡事故。因此，井下作业如需时间较长，应轮流下井，如井下作业人员有头晕、腿软、憋气、恶心等不适感，必须立即上井休息。管内的检查人员连续工作时间不超过 1h，如果遇到难以穿越的障碍时强行通过，发生险情时则难以及时撤出和施救，对检查人员没有安全保障。

管内检查要求 2 人一组同时进行，主要是控制灯光、测量距离、画标示线、举标示牌和拍照需要互相配合，且对于不安全因素能够及时发现，互相提醒；地面配备的人员应由联系观察人员、记录人员和安全监护人员组成，不应少于 3 人。

2.3.6 管道潜望镜检测

管道潜望镜检测是目前国际上用于管道状况检测最为快速和有效的手段之一。这种检测方法，俗称"便携式（或手持式）管道快速检测系统"（the handheld piping quickly survey system），简称为 QV（Quick View）。便携式管道快速检测系统是一种利用仪器进行简单检测的手段，它代替了人下到检修井中目视检测管道的工作方法，既安全又便捷，还可以将检测的信息录制成影像资料加以保存，非常适合野外和移动工作场所。

管道潜望镜检测仪采用伸缩杆将摄像机送到被检测管井，对各种复杂的管道情况进行视频判断。工作人员对控制系统进行镜头焦距、照明控制等操作，可通过控制器观察管道内实际情况并进行录像，以确定管道内的破坏程度、病害情况等，最终出具管道的检测报告作为管道验收、养护投资的依据。目前其已经广泛应用于大型容器罐体内部视频检查、市政排水管道快速视频勘察、隧道涵洞内部空间状况视频检测、槽罐车内部视频检测等。

1. 一般要求

CCTV 检测需要将管道封堵，内部进行清洗，声呐检测需要将牵引索穿过管道才能实施，当这两者都不具备时，采用管道潜望镜检测可以看到功能性缺陷和突出管道内壁的结构性缺陷，只是受设备和条件的限制，缺陷的距离确定比较困难。管道潜望镜检测宜用于对管道内部状况进行初步判定。

管道潜望镜只能检测管内水面以上的情况，管内水位越深，可视的空间越小，能发现的问题也就越少，因此管内水位不宜大于管径的 1/2。光照的距离一般能达到 30～40m，一侧有效的观察距离仅为 20～30m，通过两侧的检测便能对管道内部情况进行了解，所以规定管道长度不宜大于 50m。

有下列情形之一时应中止检测：

（1）管道潜望镜检测仪器的光源不能够保证影像清晰度时。

（2）镜头沾有泥浆、水沫或其他杂物等影响图像质量时。

（3）镜头浸入水中，无法看清管道状况时。

（4）管道充满雾气影响图像质量时。

（5）其他原因无法正常检测时。

管道潜望镜检测是利用电子摄像高倍变焦技术，加上高质量的聚光、散光灯配合进行管道内窥检测，其优点是携带方便，操作简单。由于设备的局限，这种检测方法主要用来观察管道是否存在严重的堵塞、错口、渗漏等问题，对细微的结构性问题，不能提供很好的成果，如果对管道封堵后采用这种检测方法，则能迅速得知管道的主要结构问题。对于管道里面有疑点的、看不清楚的缺陷需要采用闭路电视在管道内部进行检测，管道潜望镜不能代替闭路电视解决管道检测的全部问题。

管道潜望镜检测系统的优点在于：

（1）完全代替人进入管道、密闭空间或密闭容器进行检测。

（2）对检测全过程的视频资料进行保存。

（3）在灯光光源的保证下，直线管道检测长度可达 60m。

（4）携带方便，操作简单，视频数据存储容量可达 100G。

（5）手柄长度视检测管道埋深可增长或缩短。

2. 检测设备

管道潜望镜整个检测系统由控制器、摄像镜头、聚光照射灯、影像显示屏、手持支杆、电池、充电器等组成。

（1）控制器。控制器主要功能有作为系统电源开关，调节摄像镜头的影像焦距（目标景物的拉近和推远）、影像的清晰度、灯光的亮度等。其与摄像镜头、电池、显示屏等连接成为一个系统。

（2）摄像镜头。摄像镜头的任务是捕捉管道内的影像信息，通过传输线，将信息传到显示屏供检测人员现场观察并存储到文件夹中。摄像镜头具有广角和长角的功能，在光源的辅助下，通过改变焦距采集管道可视信息。

（3）聚光照射灯。聚光照射灯又被称为探照灯，顾名思义就是在一定的距离范围内，可以使被照射的物体很亮，以保证影像清晰。目前常用的灯为卤素灯，其照射距离相对较远，在小口径的管道里还是可以满足光源要求的。但如果在大口径的管或渠中检测，则必须加入更加光亮的辅助光源。

（4）影像显示屏。影像显示屏就是一台集录制、放映、存储于一体的彩色录放显示设备，便于操作人员在现场观看、操作。

（5）手持支杆。手持支杆是用来人为控制摄像镜头进、出检修井及调节摄像镜头在管口的位置的。其长短可以根据被检测管道的埋深加长或缩短。

（6）电池。一般为 12～24V 电池，为整个系统提供电源。

管道潜望镜技术与传统的管道检查方法相比，安全性高，图像清晰，直观并可反复播放供业内人士研究，及时了解管道内部状况。因此，对于管道潜望镜检测依然要求录制影像资料，并且能够在计算机上对该资料进行操作。管道潜望镜检测设备主要技术指标见表 2-3。

录制的影像资料尽量保存为主流视频格式，如 MPEG4、AVI 等视频格式，以方便在计算机上进行存储、回放、截图等操作，如不是相关格式，应做视频格式转换处理。

表 2-3　管道潜望镜检测设备主要技术指标

项目	技术指标
图像传感器	≥1/4" CCD，彩色
灵敏度（最低感光度）	≤3 勒克斯（lx）
视角	≥45°

续表

项目	技术指标
分辨率	≥640×480
照度	≥10×LED
图像变形	≤±5%
变焦范围	光学变焦≥10倍，数字变焦≥10倍
存储	录像编码格式：MPEG4、AVI；照片格式：JPEG

3. 检测方法

镜头中心应保持在管道竖向中心线的水面以上，镜头保持在竖向中心线是为了在变焦过程中能比较清晰地看清楚管道内的整个情况，镜头保持在水面以上是观察的必要条件。

管道潜望镜检测的方法：将镜头摆放在管口并对准被检测管道的延伸方向，镜头中心应保持在被检测管道圆周中心（水位低于管道直径1/3位置或无水时）或位于管道圆周中心的上部（水位不超过管道直径1/2位置时），调节镜头清晰度，根据管道的实际情况，对灯光亮度进行必要的调节，对管道内部的状况进行拍摄。

拍摄管道内部状况时通过拉伸镜头的焦距，连续、清晰地记录镜头能够捕捉的最大长度，如果变焦过快看不清楚管道状况，则容易晃过缺陷，造成缺陷遗漏；当发现缺陷后，镜头对准缺陷调节焦距直至清晰显示时保持静止10s以上，给准确判读留有充分的资料。

拍摄检查井内壁时，应保持摄像头无盲点地均匀慢速移动。拍摄缺陷时，应保持摄像头静止，并连续拍摄10s以上。拍摄检查井内壁时，由于镜头距井壁的距离短，镜头移动速度对观察的效果影响很大，故应保持缓慢、连续、均匀地移动镜头，才能得到井内的清晰图像。

各种缺陷、特殊结构和检测状况应进行详细判读和记录，并填写现场记录表。现场检测完毕后，应由相关人员对检测资料进行复核并签名确认。

2.3.7 电视检测（CCTV 检测）

电视检测是采用闭路电视系统进行管道检测的方法。CCTV 电视检测系统是一套集机械化与智能化为一体的记录管道内部情况的设备。它对于管道内部的情况可以进行实时影像监视、记录、视频回放、图像抓拍及视频文件的存储等操作，无须人员进入管内即可了解管道内部状况。

1. CCTV 电视检测系统的功能

（1）管道淤积、排水不畅等原因的调查。

（2）管道的腐蚀、破损、接口错位、淤积、结垢等运行状况的检测。

（3）雨污水管道混接情况的调查。

（4）管道不明渗入水或水量不足的检测。

（5）排水系统改造或疏通的竣工验收。

（6）查找因排水系统或基建施工而找不到的检修井或去向不明的管段。

（7）查找、确定非法排放污水的源头及接驳口。

（8）污水泄漏点的定位检测。

（9）分析、确定污水泄漏造成地基塌陷、建筑结构受到破坏的原因等。

（10）新建排水管道的交接验收检测。

2. 现场管道检测的基本内容

（1）设立施工现场围栏和安全标志，必要时须按道路交通管理部门的指示封闭道路后再作业。

（2）打开井盖后，首先保证被检测的管道通风，在井口或必须下井工作之前，要使用有毒、有害气体检测仪进行检测，在确认井内无有毒、有害气体后方可开展检测工作。

（3）管道预处理，如封堵、吸污、清洗、抽水等。

（4）仪器设备自检。

（5）管道实地检测与初步判读，对发现的重大缺陷问题应及时报知委托方或委托方指定的现场监理。

（6）检测完成后应及时清理现场，并对仪器设备进行清洁保养。

3. 一般要求

电视检测不应带水作业。当现场条件无法满足时，应采取降低水位措施，确保管道内水位不大于管道直径的 20%。当不能确保管道内水位不大于管道直径的 20%要求时，检测前应对管道实施封堵、导流，使管内水位满足检测要求。

在进行结构性检测前，应对被检测管道做疏通、清洗。结构性检测是在管道内壁无污物遮盖的情况下拍摄管道内水面以上的内壁状况。疏通的目的是保证爬行器在管段全程内正常行走，无障碍物阻挡。

当有下列情形之一时应中止检测：

（1）爬行器在管道内无法行走或推杆在管道内无法推进时。

（2）镜头沾有污物时。

（3）镜头浸入水中时。

（4）管道内充满雾气，影响图像质量时。

（5）其他原因无法正常检测时。

4. 检测设备

（1）检测设备的基本性能应符合下列规定：

① 摄像镜头应具有平扫与旋转、仰俯与旋转、变焦功能，摄像镜头高度应可以自由调整。

② 爬行器应具有前进、后退、空挡、变速、防侧翻等功能，轮径大小、轮间距应可以根据被检测管道的大小进行更换或调整。

③ 主控制器应具有在监视器上同步显示日期、时间、管径、在管道内行进距离等信息的功能，并应可以进行数据处理。

④ 灯光强度应能调节由于管道内的情况复杂多变，为了获得良好的影像拍摄效果，需要调节灯光强度。常见的电视检测设备主要由爬行器、主控制器、线缆盘和摄像头组成。

爬行器：有轮胎式和履带式，连接在电缆尾部的爬行器内部装有马达，结构上为防水设计，可以在有水的管道内部行进。爬行器的头部安装了摄像头和灯光，根据管径的不同，可选配不同直径大小的轮胎与爬行器相连。

主控制器：控制整个设备的运行与操作，包括硬件控制和软件控制。主控制器面板上安装有操作按钮和旋钮，用于控制摄像头、灯光和爬行器。主控制器还便于显示日期、时间、距离信息、标注字符，以及进行的一些必要的操作。主控制器应具有数据输出功能，可通过 USB 接口等形式进行数据输出。

线缆盘：安装有手摇柄，用于手动盘绕电缆于线缆盘上；线缆盘上安装有距离计数器，用于记录爬行器行进的距离，便于检测人员确定管道缺陷的位置。电缆端部与爬行器相连。

摄像头：应具有超高的感光能力、逼真的画质和广视角捕捉画面，能够进行变焦和数字变焦的操作。摄像头两侧安装有可以调节亮度的灯光，作为摄像头光源。旋转摄像头可以进行全方位观测。

（2）电视检测设备主要技术指标中，图像传感器、灵敏度、视角、分辨率、照度、图像变形是图像清晰度的基本要求。爬行器应具备足够的牵引力，在干燥清洁的情况下爬行器的牵引力似乎没有问题，但是当管道中有泥水时，当牵引力不足时则检测难以进行；排水管道相邻两个检查井之间的距离一般不大于100m，再考虑地面至井下的电缆长度，将爬行器的牵引力确定为坡度在50°时，能拖拽120m长电缆的牵引力为基本要求；影像资料的存储格式确定为最通用的资料存储格式，主要是方便资料保存，阅读和操作可以通用。

（3）检测设备应结构坚固、密封良好，能在0～50℃的气温条件下和潮湿的环境中正常工作。为防止CCTV检测设备进入管道内部后不能自动收回的问题，就要求电缆线具备最小的收缩拉力。根据实际的作业情况，规定最小的收缩拉力为2kN，以保证CCTV检测设备出现故障后采用手动收回时具有足够的抗拉强度。

5. CCTV检测实操注意事项

（1）现场操作流程如下：

① 根据被测管道在电缆安装上合适的摄像头、照明设备，连接主控系统。打开主控系统检查摄像头和照明设备是否工作正常。

② 在使用前检查计数器的准确性。

③ 关闭系统，将摄像头放入管道。

④ 打开系统，设定起始位置。

⑤ 将计数器调零。

⑥ 利用屏幕书写器格式编写并录制板头。

⑦ 释放电缆，让摄像头进入检测区域，根据爬行器速度继续释放或回收电缆。

⑧ 当遇到管道破损或障碍物时，应小心摄像镜头。

⑨ 根据管道内部情况调节亮度，增强管道的光亮度。

⑩ 当回收电缆时，用布清洁电缆上的水和污物。

（2）摄像单元的保护。设备中的摄像单元是整个设备中最为关键的部分，由于摄像单元集光、电于一体的特点和摄像头旋转平移的多功能性，决定了摄像单元易受损的特点，因此，在保管和使用时，要特别予以注意。

① 进行安装时，应把持摄像单元后部，尽量不要使镜头旋转轴部分受力，更不要用手去转动镜头旋转部分。

② 向井内放置仪器时，应注意保护镜头，避免镜头与井壁或井底的摩擦、碰撞。

6. 检测方法

爬行器的行进方向与水流方向一致，可以减少行进阻力，也可以消除爬行器前方的壅水现象，有利于检测进行，提高检测效果。

通过操作主控器面板上的按钮和旋钮来操控爬行器在管道中的前进和倒退以及行进速度。在操控爬行器工作时，应注意以下操作事项：

（1）将爬行器摆放在管道中之后，要使行进速度旋钮回旋至归零位置。

（2）检查爬行器车轮是否紧固。

（3）操控爬行器开始前进时，先按下前进按钮，再顺时针旋转行进速度控制旋钮。

（4）爬行器的摆放。将爬行器用绳子分别挂住爬行器的尾部和套住爬行器的前部，缓慢吊放入井中，调解前后吊绳最终使爬行器平卧在井底管口位置，正中朝向被检测的管道延伸方向。

（5）严禁将爬行器尾部的连接电缆作为吊绳使用。

（6）严禁只在爬行器尾部挂绳（使爬行器处于头朝下状态）单绳吊放。

（7）在爬行器的尾部加挂一条牵引绳（绳的耐拉力大于60kg），为拖拽爬行器后退助力。

（8）严禁拖拽连接电缆为爬行器助力。

（9）严禁自行打开爬行器，遇有问题，通知并提交给厂家维修人员解决。

（10）收存爬行器之前，应用专用插头保护套将爬行器前后的插头座套好。

（11）工作结束后，注意爬行器的清洁。

管径不大于 200mm 时，直向摄影的行进速度不宜超过 0.1m/s；管径大于 200mm 时，镜头的可视范围大，直向摄影的行进速度不宜超过 0.15m/s。速度过快可能导致检测人员无法及时发现管道缺陷。将载有摄像镜头的爬行器安放在检测起始位置后，在开始检测前，应将计数器归零。当检测起点与管段起点位置不一致时，应做补偿设置。

由于视角误差，爬行器的安放点与管口存在位置差，补偿设置应按管径不同而异，视角不同时差别不同。检测时摄像镜头移动轨迹应在管道中轴线上，偏离度不应大于管径的 10%。当对特殊形状的管道进行检测时，应适当调整摄像头位置并获得最佳图像。如果某段管道检测因故中途停止，排除故障后接着检测，则距离应该与中止前检测距离一致，不应重新将计数器归零。

将载有镜头的爬行器摆放在检测起始位置后，在开始检测前，将计数器归零。对于大口径管道检测，应对镜头视角造成的检测起点与管道起始点的位置差做补偿设置。

摄像头从起始检查井进入管道，摄像头的中线与管道的轴线重合。计数器的距离设置为从管道在检查井的入口点到摄像头聚焦点的长度，这个距离随镜头的类型和排水管道的直径不同而异。

每一管段检测完成后，应根据电缆上的标记长度对计数器显示数值进行修正。计数器显示的距离数值可能与电缆上的标记长度有差异，为此应该进行修正，以减少距离误差。

管道检测过程中，录像资料不应产生画面暂停、间断记录、画面剪接的现象，主要是防止出现用其他管道的检测资料代用或置换的不良行为。记录管道内部信息前，信息显示时间不少于 15s。

现场检测工作应该填写记录表，这既是检测工作的需要，也是检测过程可追溯的依据之一。特殊的缺陷特征需要有单独的视频剪辑。本规程规定了现场记录表的基本内容，以免由于记录的检测信息不完整或不合格而导致外业返工的情况发生。

7. 影像判读

在检测过程中发现缺陷时，应尽可能在现场进行判读和记录，主要是在现场判读有疑问时，可以当场反复观察，及时补充影像资料。排水管道检测必须保证资料的准确性和真实性，由复核人员对检测资料和记录进行复核，以免由于记录、标记不合格或影像资料因设备故障缺失等，导致外业返工的情况发生。

管道缺陷根据图像进行观察确定，缺陷尺寸无法直接测量。因此对于管道缺陷尺寸的判定，主要是根据参照物的尺寸采用比照的方法确定的，这种判定方法属于定性的，需要一定的工作经验。无法确定的缺陷类型或等级应在评估报告中加以说明。

在评估报告中需附缺陷图片，宜采用现场抓取最佳角度和最清晰图片的方式，特殊情况下也可采用观看录像截图的方式，保证检测结果的质量。

管道的结构性缺陷需要修复才能恢复，结构性缺陷的图片是制订修复计划的依据。直向摄影的图片用于对缺陷环向定位，侧向摄影的图片则反映缺陷的形状、等级等直观信息。对直向摄影和侧向摄影，每一处结构性缺陷抓取的图片数量不应少于1张。

2.3.8 管道评估

管道评估即是对管道根据检测后所获取的资料，特别是影像资料进行分析，对缺陷进行定义，对缺陷严重程度进行打分，确定单个缺陷等级和管段缺陷等级，进而对管道状况进行评估，提出修复和养护建议。

1. 一般要求

管道评估应依据检测资料进行，检测资料包括现场记录表、影像资料等。管道的很多缺陷是局部性缺陷，如孔洞、错口、脱节、支管暗接等，其纵向长度一般不足1m，为了方便计算，纵向的尺寸不大于1m时，长度应按1m计算。管道评估应以管段为最小评估单位。当对多个管段或区域管道进行检测时，应列出各评估等级管段数量占全部管段数量的比率。当连续检测长度超过5km时，应进行总体评估。

2. 检测项目名称、代码及等级

代码应采用两个汉字拼音首个字母组合表示，未规定的代码应采用与此相同的确定原则，但不得与已规定的代码重名。

管道缺陷等级按表2-4规定分类。缺陷等级主要分为4

级，根据缺陷的危害程度给予不同的分值和相应的等级。分值和等级的确定原则是：具有相同严重程度的缺陷具有相同的等级。结构性缺陷的名称、代码、等级划分及分值应符合表 2-5 的规定。特殊构造（如暗井、弯头等）大多在施工阶段已经形成，可能会对排水功能或养护作业带来不利影响。

表 2-4　缺陷等级分类

等级 缺陷性质	1	2	3	4
结构性缺陷程度 功能性缺陷程度	轻微缺陷 轻微缺陷	中等缺陷 中等缺陷	严重缺陷 严重缺陷	重大缺陷 重大缺陷

表 2-5　结构性缺陷名称、代码、等级划分及分值

缺陷 名称	缺陷 代码	定义	等级	缺陷描述	分值
破裂	PL	管道的外部压力超过自身的承受力致使管子发生破裂。其形式有纵向、环向和复合 3 种	1	裂痕——当下列一个或多个情况存在时：①在管壁上可见细裂痕；②在管壁上由细裂缝处冒出少量沉积物；③轻度剥落	0.5
			2	裂口——裂处已形成明显间隙，但管道的形状未受影响且破裂无脱落	2
			3	破碎——管壁破裂或脱落处所剩碎片的环向覆盖范围不大于弧长 60°	5
			4	坍塌——当下列一个或多个情况存在时：①管道材料裂痕、裂口或破碎处边缘环向覆盖范围大于弧长 60°；②管壁材料发生脱落的环向范围大于弧长 60°	10

续表

缺陷名称	缺陷代码	定义	等级	缺陷描述	分值
变形	BX	管道受外力挤压造成形状变异	1	变形不大于管道直径的5%	1
			2	变形为管道直径的5%~15%	2
			3	变形为管道直径的15%~25%	5
			4	变形大于管道直径的25%	10
腐蚀	FS	管道内壁受侵蚀而流失或剥落，出现麻面或露出钢筋	1	轻度腐蚀——表面轻微剥落，管壁出现凹凸面	0.5
			2	中度腐蚀——表面剥落显露粗骨料或钢筋	2
			3	重度腐蚀——粗骨料或钢筋完全显露	5
错口	CK	同一接口的两个管口产生横向偏差，未处于管道的正确位置	1	轻度错口——相接的两个管口偏差不大于管壁厚度的1/2	0.5
			2	中度错口——相接的两个管口偏差为管壁厚度的1/2~1	2
			3	重度错口——相接的两个管口偏差为管壁厚度的1~2倍	5
			4	严重错口——相接的两个管口偏差为管壁厚度的2倍以上	10
起伏	QF	接口位置偏移，管道竖向位置发生变化，在低处形成洼水	1	起伏高/管径≤20%	0.5
			2	20%<起伏高/管径≤35%	2
			3	35%<起伏高/管径≤50%	5
			4	起伏高/管径>50%	10
脱节	TJ	两根管道的端部未充分接合或接口脱离	1	轻度脱节——管道端部有少量泥土挤入	1
			2	中度感节——脱节距离不大于20m	3
			3	重度脱节——脱节距离为20~50mm	5
			4	严重脱节——脱节距离为50mm以上	10

续表

缺陷名称	缺陷代码	定义	等级	缺陷描述	分值
接口材料脱落	TL	橡胶圈、沥青、水泥等类似的接口材料进入管道	1	接口材料在管道内水平方向中心线上部可见	1
			2	接口材料在管道内水平方向中心线下部可见	3
支管暗接	AJ	支管未通过检查井直接侧向接入主管	1	支管进入主管内的长度不大于主管直径10%	0.5
			2	支管进入主管内的长度在主管直径10%～20%	2
			3	支管进入主管内的长度大于主管直径20%	5
异物穿入	CR	非管道系统附属设施的物体穿透管壁进入管内	1	异物在管道内且占用过水断面面积不大于10%	0.5
			2	异物在管道内且占用过水断面面积为10%	2
			3	异物在管道内且占用过水断面面积大于30%	5
渗漏	SL	管外的水流入管道	1	滴漏——水持续从缺陷点滴出，沿管壁流动	0.5
			2	线漏——水持续从缺陷点流出，并脱离管壁流动	2
			3	涌漏——水从缺陷点涌出，涌漏水面的面积不大于管道断面的1/3	5
			4	喷漏——水从缺陷点大量涌出或喷出，涌漏水面的面积大于管道断面的1/3	10

注：(1) 表中缺陷等级定义区域 X 的范围为 $x \sim y$ 时，其界限的意义是 $x < X \leqslant y$；

(2) 结构性缺陷——影响结构强度和使用寿命的缺陷（如裂缝、腐蚀等）。结构性缺陷可以通过维修得到改善；

(3) 功能性缺陷——影响排水功能的缺陷（如积泥、树根等）。功能性缺陷可以通过养护疏通得到改善；

第3章 排水管道设施运行维护管理

3.1 排水管道设施养护管理制度

为了加强排水管道设施的维护管理，得到及时有效的维护，并确保排水管网设施的正常运行，必须理论联系城市发展实际情况，在原有的管理制度和措施上进一步深入研究，提高维护意识，完善管理机制，综合现代化技术创新维护手段，开展系统化、规范化、科学化管理，降低养护成本，延长设施使用寿命，确保排水管网设施正常运行。

3.1.1 一般规定

排水管道设施维护必须执行国家现行标准《城镇排水管道维护安全技术规程》(CJJ 6—2009) 的规定，定期对排水管道设施进行检查和维护，使排水管道设施保持良好的水力功能和结构状况。

排水管道设施巡查内容应包括污水冒溢、晴天雨水口积水、井盖或雨水箅缺损、管渠塌陷、违章占压、违章排放、私自接管、雨污水混接以及影响管渠排水的工程施工等情况。

在分流制排水地区，严禁雨污水混接。

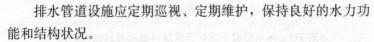

排水管道设施应定期巡视、定期维护，保持良好的水力功能和结构状况。

排水管道设施管理部门应定期对排水户进行水质、水量检测，并应建立管理档案；排放水质应符合国家现行标准《污水排入城镇下水道水质标准》（GB/T 31962—2015）的规定。

排水管渠维护宜采用机械作业。

排水管渠应明确其雨水管渠、污水管渠或合流管渠的类型属性。

3.1.2 管道维护管理标准

1. 排水管道设施维护

排水管道设施维护的基本要求为管道畅通无阻，检查井清洁无结垢，各类井盖完整，闸门、闸阀启闭灵活、密封。排水管道设施维护的检查方法分常规检查和仪器检查。

1）排水管道设施状况常规检查和抽检规定

排水管道设施状况的常规检查一般采用目测、量泥斗等检测手段，对排水管道设施的功能性和结构性状况进行检查。主要检查项目应包括表 3-1 中的内容。

表 3-1　管道状况主要检查项目

检查类别	功能状况	结构状况
检查项目	管道积泥	裂缝
	检查井积泥	变形
	泥垢和油脂	脱节
	树根	破损与孔洞
	水位和水流	渗漏

注：表中的积泥包括泥沙、碎砖石、固结的水泥浆及其他异物。

排水管道设施状况常规检查项目和结构状况见表 3-2。

表 3-2　排水管道设施状况常规检查项目和结构状况

检查项目	结构状况
管道	管道畅通，积泥深度不超过管径的 1/5
检查井	检查井积泥深度不超过落底井（包括半落底井）管底以下 50mm； 平底井主管径的 1/5
井壁	井内清洁，四壁无结垢
检查井盖框	盖框间隙小于 8mm； 井盖与井框高差应在 +5～-10m； 井框与路面高差应在 +15～-15mm
管道	管道畅通，积泥深度不超过管径的 1/5
检查井	井内无硬块
	四壁清洁无结垢
	盖框不摇动，缺角不见水；盖框之间高低差不大于 1cm

2）排水管道设施抽检规定

排水管道设施的抽检数量的比率可根据设施量确定，根据抽检要求不同做适当调整。

3）排水管道设施及附属构筑物的检查要求

排水管道设施及附属构筑物的检查要求见表 3-3。

表 3-3　排水管道设施及附属构筑物的检查要求

设施种类	检查方法	检查内容	检查周期
检查井	目测	违章占压、违章接管、井盖井座、雨水箅、防蚊闸、梯蹬、井壁结垢、井底积泥、井身结构等	3 个月
管道	目测	违章占压、地面塌陷、水位、水流、淤积情况等	3 个月
	管道反光镜或电视检测	变形、腐蚀、渗漏、接口、树根、结垢、错接等	一年

续表

设施种类	检查方法	检查内容	检查周期
倒虹管	目测	标志牌、两端水位差、查井、闸门等	6个月
	电视检测及潜水检查	淤积、腐蚀、接口渗漏、河床冲刷、管顶覆土等	一年
排放口	目测	违章占压、标志牌、挡土墙、淤积情况、底坡冲刷	6个月
	潜水检查	淤塞、腐蚀、接口、河床冲刷、软体动物生长情况	一年
筛网、格栅	目测（必要时潜水检查）	淤塞、腐蚀、变形、缺损、启闭灵活性等情况	6个月

2. 排水管道设施检查项目分类

（1）功能性状况检查：普查周期宜采用1～2年一次，以结构性状况为主要目的的普查周期宜采用5～10年一次，流沙易发地区的管道、管龄30年以上的管道、施工质量差的管道和重要管道的普查周期可相应缩短。

（2）移交接管检查的主要项目应包括渗漏、错口、积水、泥沙、碎砖石、固结的水泥浆、未拆清的残墙、坝根等。

（3）应急事故检查的主要项目应包括渗漏、裂缝、变形、错口、积水等。

（4）人员进入管内检查的管道要求：人员进入管内检查的管道的直径不得小于800mm，流速不得大于0.5m/s，水深不大于0.5m；人员进入管内检查宜采用摄影或摄像的记录方式。

（5）以结构状况为目的的电视检查，在检查前应采用高压射水将管壁清洗干净。

（6）水力坡降检查应符合下列规定：

水力坡降检查前，应查明管道的管径、管底高程、地面高程和检查井之间的距离等基础资料；水力坡降检测应选择在低水位时进行，泵站抽水范围内的管道也可从开泵前的静止水位开始，分别测出开泵后不同时间水力降线的变化，同一条水力坡降线的各个测点必须在同一个时间测得；测量结果应绘成水力坡降图，坡降图的竖向比例应大于横向比例；水力坡降图中应包括地面坡降线、管底坡降线、管顶坡降线以及一条或数条不同时间的水面坡降线。

3. 排水管道设施养护应符合下列要求

排水管道设施养护执行国家现行标准《城镇排水管道维护安全技术规程》（CJJ 6—2009）的规定。

1）检查井井盖、井座养护规定

井盖和雨水箅的选用应符合的技术标准见表 3-4。

表 3-4　井盖和雨水箅的选用技术标准

种类	标准名称	标准编号
铸铁井盖	《铸铁检查井盖》	CJ/T 511—2017
混凝土井盖	《钢纤维混凝土检查井盖》	JC 889—2001

在车辆经过时，井盖不应出现跳动和声响。井盖与井框间的间隙小于 8mm，井框与路面高差小于 5mm。

当发现井盖缺失或损坏后，必须及时安放护栏和警示标识，并应及时修复。

定期巡视检查井盖，及时发现井盖裂缝、腐蚀、沉降、变形、破损、孔洞、锈蚀等情况，应及时维修和保养。

定期巡视启闭检查井盖板，发现井座裂缝、腐蚀、沉降、变形、破损、孔洞、锈蚀、井座密封垫老化等情况时，应及时维修和保养。

2）检查井养护规定

管道、检查井和雨水口的允许积泥深度应符合规范要求，一般不大于管径的1/4。

检查井巡视检查内容见表3-5。

表3-5 检查井巡视检查

部位	外部巡视	内部检查
内容	井盖埋设	链条或锁具
	井盖丢失	爬梯松动、锈蚀或缺损
	井盖破损	井壁泥垢
	井框破损	井壁裂缝
	盖、框间隙	井壁渗漏
	盖、框高差	抹面脱落
	盖框突出或凹陷	管口孔洞
	跳动和声响	流槽破损
	周边路面破损	井底积泥
	井盖标识错误	水流不畅
	其他	浮渣

注：定期巡视检查井口，及时发现井口裂缝、腐蚀、沉降、变形、破损、孔洞、错口、脱节、锈蚀、异管穿入、渗漏、冒溢等情况，应及时维修和保养。

3）重力管道养护规定

（1）定期巡视检查重力管道，及时发现管口裂缝、腐蚀、沉降、变形、破损、孔洞、错口、脱节、锈蚀、异管穿入、渗漏、冒溢等情况，应及时维修和保养。

（2）定期清淤、疏浚重力管道，及时发现管口裂缝、腐蚀、沉降、变形、破损、孔洞、错口、脱节、锈蚀、异管穿入、渗漏、冒溢等情况，应及时维修和保养。

4）压力管道养护规定

（1）定期巡视压力管道，及时发现管道裂缝、腐蚀、沉降、变形、破损、孔洞、脱节、异管穿入、渗漏、冒溢等情况，应及时维修和保养。

（2）压力管养护应采用满负荷开泵的方式进行水力冲洗，至少每3个月一次。

5）压力管附属设施养护规定

（1）定期巡视压力管附属设施，保持排气阀、排污阀、压力井、透气井等附属设施的完好有效，及时发现裂缝、腐蚀、沉降、变形、破损、孔洞、脱节、渗漏、冒溢等情况，应及时维修和保养。

（2）压力管附属设施养护采用满负荷启闭检查的方式，结合压力管道养护，至少每3个月一次，保持排气阀、压力井、透气井等附属设施的完好有效。

（3）定期检查检查井井口、管道、淤积物等阻碍排水的杂物。

6）倒虹管养护规定

（1）倒虹管养护宜采用水力冲洗的方法，冲洗流速不宜小于1.2m/s。在建有双排倒虹管的地方，可采用关闭其中一条，集中水量冲洗另一条的方法。

（2）过河倒虹管的河床覆土不应小于0.5m。在河床受冲刷的地方，应每年检查一次倒虹管的覆土状况。

（3）在通航河道上设置的倒虹管保护标志应定期检查，保持结构完好和字迹清晰。

（4）对过河倒虹管进行检修前，当需要抽空管道时，必须先进行抗浮验算。

3.1.3　排水构筑物维护管理标准

1. 明渠箱涵维护应符合的规定

明渠维护必须执行国家现行标准《城镇排水管道维护安全

技术规程》（CJJ 6—2009）的规定。

1）明渠的检查应符合的规定

（1）定期检查水面漂浮物，保持水面整洁。

（2）定期检查落入渠内阻碍明渠排水的障碍物，保持水流畅通。

（3）定期检查边坡整齐，保持线形顺直。

（4）定期检查无铺砌明渠直线段、转弯处、变坡点的断面状况，发现损坏应用砖石砌成标准沟形断面以控制沟底标高和断面尺寸并应符合原设计要求。

（5）定期检查块石渠岸的护坡挡土墙、压顶等情况，并保持完好。

（6）定期检查护栏，里程桩、警告牌等明渠附属设施，并保持完好。

2）明渠的维护应符合的规定

（1）定期打捞水面漂浮物，保持水面整洁。

（2）定期进行整修边坡、清除污泥等维护，保持线形顺直，边坡整齐。

（3）及时清理落入渠内阻碍明渠排水的障碍物，保持水流畅通。

（4）及时修理检查块石渠岸的护坡、挡土墙和压顶，以及发现裂缝、沉陷、倾斜、缺损、风化、勾缝脱落等情况。

（5）每年枯水期应对明渠进行一次淤积情况检查，明渠的最大积泥深度不应超过设计水深的1/5。

（6）定期清理，明渠清淤深度不得低于护岸坡脚顶面。

2. 闸涵日常检查和养护应符合的规定

闸门维护必须执行水利行业标准《水闸技术管理规程》（SL 75—2014）。

1）闸（阀）门日常检查应符合的规定

（1）保持清洁、无锈蚀。

（2）丝杆、齿轮等传动部件润滑良好，启闭灵活。

（3）启闭过程中出现卡阻、突跳等现象应停止操作并进行检查。

（4）不经常启闭的闸门每月启闭一次，阀门每周启闭一次。

（5）暗杆阀门的填料密封有效，渗漏不得滴水成线。

（6）手动阀门的全开、全闭、转向、启闭转数等标牌显示清晰完整。

（7）手动、电动切换机构有效。

（8）动力电缆及控制电缆的接线、接插件无松动，控制箱信号显示正确。

（9）电动装置齿轮油箱无渗油和异声。

2）闸（阀）门的日常维护应符合的规定

（1）齿轮箱润滑油脂加注或更换每年一次。

（2）行程开关、过扭矩开关及联锁装置完好有效，检查和调整每半年一次。

（3）电控箱内电器元件完好无腐蚀，检查每半年一次。

（4）连接杆、螺母、导轨、门板的密闭性完好，闭合位移余量适当，检查每三年一次。

3）启闭机的检查和养护

这里指的是对传动部分、悬吊装置、制动器、电动机等的检查和养护。在进行定期检查养护时，要做到一年内至少进行一次检修，检修的内容是全方位的，不放过任何一个死角，同时，根据实际情况，每3～5年进行一次大修，对磨损的零部件进行替换。

（1）对传动部分的检查养护：对转动部分进行按时的清理，并根据实际情况添加润滑油。

（2）对悬吊装置的检查养护：定期检查钢丝绳的状况，出现异常现象，要及时采取有效措施，确保安全。

（3）对制动器的检查养护：各个制动装置要定期进行涂油保护，定期检测电磁线圈的绝缘性，对于达不到要求的，及时进行有效处理。

（4）对电动机的检查养护：每次都要清理其外壳，检查轴承润滑油的填充量应该是轴承的 50%～70%。

3. 截流（沟）口检查维护应符合的规定

截流（沟）口维护必须执行国家现行标准《城镇排水管道维护安全技术规程》（CJJ 6—2009）的规定。

（1）定期检查水面漂浮物，保持水面整洁。

（2）定期检查落入截流（沟）口内阻碍截流的障碍物，保持水流畅通。

（3）定期检查截流（沟）口的断面、护坡、挡土墙和压顶状况，并保持完好。

（4）定期检查护栏、警告牌等截流（沟）口附属设施，并保持完好。

3.2 排水管道设施养护状况管理

3.2.1 一般规定

排水管道设施维护必须执行国家现行标准《城镇排水管道维护安全技术规程》（CJJ 6—2009）的规定，定期检查、定期维护，保持良好的水力和结构状况。

在分流制排水地区，严禁雨污水混接。

3.2.2　排水管道的划分

排水管道设施应明确雨水管道设施、污水管道设施、合流管道设施的类型属性。

排水管道管径划分标准见表 3-6。

表 3-6　排水管道的管径划分标准

类型	小型管/mm	中型管/mm	大型管/mm	特大型管/mm
管径	<600	600～1000	1000～1500	>1500

3.2.3　排水管道设施等级标准的制定与实施

1. 排水管道设施以排水功能级别标准划分

（1）总干管：以排水管道系统区域以内，担负整个区域的水量，并汇集接纳干管及部分次干管道的污水，将其送入污水处理厂、泵站或河流的沟道。一般雨水没有总干管，由干管直接排入河道。

（2）干管：在排水管道系统范围内，担负部分区域的排水量，汇集各排水次干管及部分支管的雨（污）水，并将其送入总干管或河道。

（3）次干管：在排水管道系统范围内，担负局部地区的排水量，汇集各支管的雨（污）水，并将其送入干管或总干管。

（4）支管：在排水管道系统范围内，担负具体地点水量的收集，汇集户线的雨（污）水，并将其送入次干管、干管或总干管。

（5）户线管：在排水管道系统范围内，专门担负厂矿、机

关团体、居民小区、街道的污水收集，并将污水排入外部市政
排水管道的管线。

2. 排水管道设施养护质量等级标准划分

通过规定出排水管道养护质量检查标准和制定养护质量检
查方法，从排水管道设施使用效果、结构状况、附建物完整程
度3个方面进行检查评议定级，最后综合反映出排水管道设施
完好状况。

排水管道养护质量检查标准见表3-7。

表3-7　排水管道养护质量检查标准

项目	内容	标准	说明
使用：排水通畅	管道存泥	一般小于管径的1/5 大于 1250mm管径者小于30cm	大管径或沟深大于1250mm的存泥应小于30cm
	检查井存泥	同上	同上
	截流井存泥	同上	同上
	通进出水口存泥	清洁无杂物	应做到清洁无杂物
	支管存泥	小于管径的1/3	雨期小于1/3管径，冬期小于1/2管径
	雨水口存泥	同上	同上
结构：无损坏	腐蚀	腐蚀深度小于0.5cm	小于0.5cm不作为缺点
	裂缝	保证结构安全	满足现状强度要求
	反坡	小于沟深的1/5	所影响流水断面小于管径1/5，不作为缺点
	错口	小于3cm	不影响结构安全，沟深1m以下，小于沟深1/10；沟深高1m以上，小于10cm，不作为缺点

续表

项目	内容	标准	说明
结构：无损坏	挤帮	保证结构安全	有裂缝但不影响结构安全，不作为缺点
	断盖	保证结构安全	小于1cm者，不作为缺点
	下沉	保证结构安全	如果有，即为缺点
	塌帮、塌盖	不允许有塌帮、塌盖、无底、无盖情况	
	排水功能	构筑物排水能力与水量相适应	井口与地面衔接平顺，井盖易打开，抹面、勾缝无严重脱落，井墙、井圈、井中流槽无损坏、腐蚀，踏步无残缺、腐蚀等
	检查井	无残缺、无损坏、无腐蚀	同上
附属构筑物：应完整	截流井、出水口	同上	模口与地面衔接有利于排水，井墙、算子、模口没有损坏
	应雨水口进水口	同上	启闸运转灵活，部件完整有效
	机闸、通风设备	适用、无残缺	如果有，即为缺点

3.3 排水管道信息化管理

城市排水管网系统是城市建设、环境保护、防洪排涝的重要基础设施，关系到社会经济稳定发展和人民生活的安定，在保障城市发展和安全运行中发挥着重要的作用。随着城市化的迅速发展，城市排水管网系统越来越复杂，越来越庞大，对排水管网的运行管理、养护管理、应急防汛和科学决策提出了越来越高的要求，必须要有新的技术和管理方法来满足排水管网的现代化管理需要。

我国的管网信息化管理技术率先用于供水和燃气管线。天津、大连、烟台、佛山、深圳等城市的供水企业已经成功实现了供水管网的信息化管理，已取得非常明显的经济效益和社会效益。排水管网信息化管理也在几十个地区逐步使用。

3.3.1 排水管网管理信息系统的重要作用

排水管线作为城市市政设施的重要组成部分，肩负着城市雨水、污水排放的重要功能，各级政府已从城市发展的战略高度来认识地下排水管线在城市规划和建设管理中的作用与地位。各地市政管理部门充分利用地下管线普查成果，积极探索创新地下排水管线的管理方式。在政府和企业的运作下，排水管网管理信息系统的功能日益强大且日臻完善，充分体现了其在维护城市"生命线"正常运行上的优势。

1. 高效管理多源可视化数据

排水管网管理信息系统是一个包含海量数据的复杂系统，其数据库用以存储和管理空间数据和属性数据，不仅包括管网数据，还集成了不同来源、不同数据格式和不同空间尺度的基础地理信息数据，如地形数据、航空影像、DEM 等，改善了传统管网数据单一、记录分散、不完整的局面，为市政管理部门的业务应用、决策分析和数据共享奠定了坚实的数据基础。通过多种数据的叠加和可视化显示，可以更加直观地了解排水管网周边的交通、居民地、水系、植被和地形等分布情况。数据库能有效管理不同历史时期的排水管网数据，通过对比显示能够较清楚地发现数据间的差异和联系，这对于城市未来的发展规划有着重要意义。

2. 提升巡检、养护工作的效率和管理水平

排水管理部门需要定期对辖区内的管网及相关设施进行巡查，及时发现和清除管网中的"病患"，保障城市的排水安全。随着智能终端和移动网络的普及，结合地理信息系统（Geographic Information System，GIS）、全球定位系统（Global Positioning System，GPS）、4G 等先进技术的手持移动设备成为排水管网巡检、养护的重要工具。

排水管网管理信息系统采用手持设备与 Web 相结合的方式，现场巡查、养护人员通过手持设备将巡检信息和养护进展及时上传到监控中心，而监控中心的市政管理人员通过登录 Web 系统及时了解巡查和养护现场的详细信息，便于对巡查和养护工作进行动态监管，对发现的排水管网问题进行人员的科学调度。通过自动化监管实现了巡检养护工作的高效执行，降低了管网养护的成本，提高了人员对紧急事件的响应速度，保障了管网的安全高效运行。

3. 辅助决策分析

GIS 强大的空间分析功能完全依赖于地理空间数据库，排水管网完整的数据体系为查询分析、缓冲区分析、拓扑分析提供了强大的支撑，通过深层次的信息挖掘，解决用户关心的涉及地理空间的实际问题，为排水管线规划、城市建设、防灾减灾等提供辅助决策分析的合理性建议数据。

4. 实时数据提高应急处置能力

城市排水管网承担着收集输送污水和天然降水的功能，排水管理信息系统能够充分整合现有的数据资源、硬件网络资源，实现资源的高效节约。以在线监测数据、管网空间数据为基础，充分利用管网水力计算模型及其他有关模型，结合 GIS 的数据管理和空间分析能力，对管网的运行状况进行分析评估，为管网的日常维护提供数据支持。当流量、流速、液位或压力等运行参数出现异常甚至超出警戒值时，市政管理人员可快速反应、快速诊断、快速行动，提高对管网突发紧急事件的处理能力，保障公共利益和人民生命财产安全，保证排水设施正常运转。

3.3.2 基础资料收集

虽然我国在城市排水管网建设的技术档案管理方面有严格的规定，但由于管理方式落后等，造成大量基础数据资料的丢失。构建基础数据资料规范化管理制度与体系的问题亟待解决。信息化建设的基础是可靠的基础数据，在进行城市给水排水管网信息化建设过程中，对基础数据资料的重要性如何强调都不过分。基础数据主要分为以下两类。

1. 空间数据

空间数据是用来确定图形和制图特性的位置，这是以地球表面空间位置为参照的。排水管网 GIS 系统的空间数据主要由地形图空间数据和排水管网空间数据（坐标、高程）组成，一般允许误差为坐标±10cm，高程±8cm。地形图空间数据由地形、建筑物、河流等组成，排水管网空间数据由污水管线、雨水管线、排水用户、污水检查井、雨水检查井、污水泵站、雨水泵站等组成。

2. 属性数据

属性数据信息是用来反映与几何位置无关的属性，它是与地理实体相联系的地理变量或地理意义。排水管网 GIS 系统的属性数据是由地形图属性数据（长度等）和管网中各个管件

（管线、检查井等）的属性数据（坐标、管长、管径等）组成的。管网由管线、管道、检查井、泵站等管件组成。管网中各管件的属性字段其类型以实际需要来制定，如管段的属性字段有编号、管径、管长、埋设日期、所处位置、管道基础等。

3.3.3 各种技术的应用

1. 地理信息技术

地理信息系统（GIS）是利用计算机输入、输出查询、分析地理信息的一门综合性技术学科，是一种强大的信息管理工具。近几年，随着计算机技术的发展，地理信息系统在给排水工程中亦得到了广泛的应用。

排水管网利用地理信息系统技术，在建立管网技术信息库的基础上，实现地下排水管网的科学化、可视化管理。运用地理信息技术，将各种信息与地理位置很好地结合在一起，实现排水管网的可视化，使得管理人员对地下排水管网情况能够直观掌握。

2. 数据库技术

污水管网及其附属设施管理系统的建设必然需要借助于数据库技术，特别是数据库新技术。值得采用的数据库新技术包括分布式数据库技术、数据仓库技术、面向对象数据库技术、多媒体数据库技术、Web 数据库技术、数据挖掘技术、第三级存储器、空间数据存储技术、信息检索与浏览技术等。

3. 全球定位系统（GPS）

在排水管网信息系统中，GPS 全面应用于信息采集系统、移动办公系统、GPS 车辆定位监控系统等子系统中，借助于GPS 技术并结合 GIS 技术，监督中心和指挥中心可以方便地实现对污水管网部件与事件、巡查员、维修车辆等的空间定位和可视化管理。

4. 管网水力模型

排水管网水力模型是指将管网物理属性数据、地理信息系统与圣维南方程组、曼宁公式等一系列相关联的水文学、水力学的理论公式抽象出的整套数学模型，可以模拟旱天及雨天排水管网中真实的水流状况，找出系统中的瓶颈管段，也是排水管道设计改造合理性分析和管网优化调度方案测评的首选工具。

5. 管道内的在线监测设备

在线监测设备（窨井液位计、流量计）主要用于城市排水管网窨井水位的远程监测，窨井水位、流量终端以 4G 无线通信方式通过互联网发送至管理单位，以获得排水管网真实的运行状况。

在线监测设备（液位计、流量计等）是排水系统中的"千里眼"，通过实时传输的数据，实时监测管网的运行状况。通过数据分析还能找出存在的问题，为管网养护提供可靠的依据，准确了解管网排水规律，及时掌握管网运行状况。通过数据分析还能找出存在淤积和堵塞的管段，为管网养护工作提供依据。

第4章 排水管道维修与开挖技术

4.1 排水管道损坏原因分析

排水管道发生损坏事故,归根到底是由于自身材质特性或结构强度降低,当管道受到外力的作用超过其极限承载力时,管道就会产生自身结构性损坏,从而造成了管道破裂。从管道受力的外在表现形式来看,原因一般可归纳为:管材材质差,结构强度低;管道运行压力及管道外的静、动荷载过高;管道运行时间长,超越自身合理使用年限,导致管道结构强度降低;管道材质受酸碱腐蚀,结构强度加速降低;管道基础发生不均匀沉降,导致管道接口脱出或管道断裂;温变应力影响;管道施工质量差;野蛮施工造成人为挖爆管道等。

4.1.1 管道使用年限的影响

每一种材料都有其使用寿命,排水管道也不例外。随着排水管道使用时间的增加,材质功能下降,长期超限运行,老化严重,造成排水管道损坏事故频繁发生。

4.1.2　管道材质的影响

管材质地决定着管道的强度、抗腐蚀性及寿命。其材质优劣是影响排水管道损坏的主要因素。各种管材的故障率由高到低依次为波纹管、水泥管、玻璃钢夹砂管、PE 管、灰口铸铁管、钢管，球墨铸铁管故障率最低。

1. 水锤与气囊的影响

水锤波动是液体（水）的压力振动在弹性液体介质（水）内所引起的波动过程，属于机械波。水锤现象是在压力管道中由于流速剧烈的变化而引起动量的转换，从而在管路中产生一系列急骤的压力交替变化的水力撞击现象。水锤也称水击，或称流体（水力）瞬变（暂态）过程，它是流体的一种非恒定（非稳定）流动，即液体运动中所有空间点处的一切运动要素（流速、加速度、动水压强、切应力与密度等），不仅随空间位置而变，而且随时间而变。

水锤分为直接水锤、间接水锤、拉断水柱的水锤三种类型。

直接水锤。当管道末端闸阀关闭，由于管道中水柱的惯性作用继续向前，使动能转变为压力能，管道末端的压力随阀门关闭而逐渐升高。当此高压波沿管道以速度 a 向起端传播，到达起端后又以低压的形式向回传播。阀门关闭速度较快，全部关闭时的高压得不到反射回负压的抵消，所以水锤压力较大，即直接水锤流速变化较快，变化时间较短，且没有返回的低压波叠加抵消的作用，致使水锤压力较大。

间接水锤。当阀门关闭较慢，或管长较短时，全部关闭时间大于 $2L/a$ 时，则开始发生的低压波又传回与高压波相互叠加起到部分抵消作用，可使水锤压力减小。也就是说一般关闭阀门时，只发生间接水锤，不致引起较大的水锤压力，但在压力管道长度过大和使用快速关闭的蝶阀时，应注意缓慢关阀以免发生直接水锤。

拉断水柱的水锤。当水锤波为负压波，压力低于水在该温度下的饱和蒸汽压力时，水即发生汽化而使水柱拉断形成一段真空。当正压波到来时，使两侧水柱倒流迅速闭合，同时两水柱相碰撞瞬间产生极高的正压波即拉断水柱的水锤。这种水锤破坏性最大，在压力管道系统中时常是造成损坏的主要原因，因此也是防护的主要对象。

水锤压力可达工作压力的 3～4 倍，并且有时在管网多处同时产生，对管道造成极大的破坏，是引起半数以上有压排水管道爆裂的主要内因之一。

2. 腐蚀老化的影响

敷设在地下的金属管材和各种阀门以及螺栓、螺母等与水和土壤接触后，会发生化学或电化学反应，受到不同程度的腐蚀，根据腐蚀机理可分为化学腐蚀和电化学腐蚀两种。

3. 管道基础产生不均匀沉降的影响

（1）由于管道施工设计时缺少地质资料，或地质勘查取点较少，软基土、腐殖土及高含水率淤泥质土层不易被发现。同时在管道施工时，施工方忽视对软基的处理，使管道地基承载力小于规范值。因此，在管道通过运行时，正常地基处形成点、线支撑，而在弱土处随其压缩而出现不均匀沉降，使管道受到的弯曲应力增大，从而使管道接口处将承受很大的弯曲应力强度，一旦超过其允许值，接口受力爆裂破坏将不可避免。

（2）地下施工，地面上长年运输重负荷对土地的挤压，强烈地震产生的纵、横向地震波等，引起地面不均匀的沉降，使得管道及其接口连接部位产生渗漏、断裂等损坏现象。

（3）地震、泥石流、洪水等重大自然灾害造成排水管道断裂、塌陷。

4. 人为因素的影响

在排水管道损坏事故中，由于人为因素造成管道损坏的事故屡见不鲜。人为因素主要有以下 4 个方面：

（1）野蛮施工。在城市建设过程中，施工方未弄清地下管线的情况就盲目施工，在施工过程中损坏管道导致水管破裂。野蛮施工是人为排水管道损坏的主要原因。

（2）管道安装不规范，施工质量差。安装管道前未按设计要求做好地基处理，管道运行后发生不均匀沉降，从而使管道接口漏水或破裂；管道运输过程中，管道被碰伤；管道内、外防腐没有处理，加速管道腐蚀老化等这些情况均会造成漏水或爆管。

（3）管道安装及维护中不规范导致的管道漏水。随着城市的发展，各种线路要求入地敷设，所以道路下的空间日益拥挤，对排水管道的安装提出了更高的要求。但在部分设施比较集中的地段，使得排水管线无法按照规范留出足够的安全和维护间距，有的甚至是紧贴安装的，而这些地段是管道最容易产生损伤的地段。

（4）城市地下设施开挖扰动管道基础，使管道失稳，发生不均匀沉降，从而使管道接口漏水或破裂。

4.2　开挖技术的应用

4.2.1　排水管道开挖修复的要求

排水水管线破裂，将随时发生漏水（特别是压力管道），这就要求进行快速且有效的维修，以减少对周边环境和人们日常生活的影响。大多数情况下的破裂没有任何先兆，复杂多变的管道材质和口径给抢修件的选型及库存管理带来麻烦，这就要求抢修件必须具有多种功能性、灵活性、安装迅速、兼容性及可靠性。另外，在工程抢修中，首先要考虑的是抢修件容易快速安装并可靠。

为了保证管道网的正常运行，减少输送介质的污染，在管道抢修时，就需要一种既不需拆除更换损坏的管道管件，又不会影响管道内部介质输送的快速堵漏抢修元件。哈夫节（直管哈夫节、承插哈夫节）、不锈钢维修夹（修补器）等目前应用较为普遍，它们安装便捷且安全可靠。

4.2.2　抢修配件的选择

1. 综合要求

排水管道（网）抢修配件必须满足下列要求：

（1）施工的便捷。既可实现不需拆除更换损坏的管道、管件，又不影响管道内部介质输送的同时，且能快捷拆装。近年来，城市道路下的各种设施日益增多，造成地下空间的不足在某些地段各种管线相互交叉，未按规范留出足够的空间，这就要求抢修材料在外形尺寸上尽可能简便，减少维修人员的操作空间，从而使抢修工作缩短时间，顺利进行。

（2）便于操作。在管道抢修中抢修材料应简单，且便于操作，使得抢修人员经过简单培训就能进行操作，避免因为人员问题而对抢修质量造成差异。

（3）安全可靠。根据排水管网的使用特点与要求，抢修用的配件应具有一定的刚性与强度。其密封橡胶件或其他密封材料，在保证密封性的同时，还必须具有较好的防腐性能，以保证排水管网运行的安全可靠。

（4）通用性强。要求抢修材料在灰口铸铁管、球墨铸铁管、PE 管、PVC 管等不同材质的连接处的通用性能要强，避免因各种材质的管道外形的差别以及材质的不同造成抢修时间的拖延。

2. 防腐涂层要求

（1）由于管件和管道配件在排水管网中长期与水接触，导致管道内壁的腐蚀使管道穿孔漏水。

（2）对于易产生锈蚀的金属管件和管道配件，按各产品标准或用户要求，必须内衬水泥砂浆或喷涂聚氨酯、环氧树脂、环氧陶瓷等防腐材料。

（3）对球墨铸铁管件内外防腐的要求是：

① 喷（涂）层按 ISO 8179-1-1995 球墨铸铁管—外部镀锌标准执行。锌层应无暴露的疤痕或缺陷，锌层厚度应$\geqslant$130g/m^2。

② 涂覆沥青漆应采用《球墨铸铁管　沥青涂层》（GB/T 17459—1998）标准，沥青涂层厚度$\geqslant$70μm。

③ 各种抢修件的固定螺栓应采用不锈钢等耐蚀材质，以确保维修质量及使用寿命。

④ 各种管件、管道连接配件和抢修件的内外防腐涂层，必须符合有关标准或产品图纸要求。

3. 橡胶密封圈要求

各种抢修件所使用的胶圈都必须采用高质量产品。它的特点除耐高温外，还要具有极佳的抗老化性能。橡胶密封圈使用寿命长，能够与管道保持使用寿命的一致性。

橡胶圈的主要物理力学指标应满足以下要求：

（1）抗拉强度。聚异戊二烯（美国常用的一种合成橡胶）胶圈的抗拉强度至少为 18.6MPa，合成橡胶胶圈的抗拉强度至少为 13.8MPa。

（2）断裂伸长率。聚异戊二烯胶圈的断裂伸长率应不小于400％，合成橡胶胶圈的断裂伸长率应不小于350％。

（3）比重控制在 0.95～1.45，波动范围应不大于±0.05。

（4）压缩永久变形。以原始变形的百分率表示的压缩永久变形不得大于 20％。

（5）胶圈老化后的抗拉强度不得低于老化前抗拉强度的 80％。

（6）胶圈硬度为邵氏硬度 50～65。

（7）按 10％的频率检查外观质量及尺寸，胶圈不得有龟裂、裂缝、起皮或其他损坏迹象。

（8）检查胶圈的接头时，至少将其拉伸至原长度的 2 倍，旋转 360°，目检经拉伸的接头，有剥落或裂缝的接头为不合格。

4.2.3　不同管材损坏的特征、原因及修复方法

1. 球墨铸铁管

大多数是因阴极腐蚀造成的横向破裂，而纵向破裂比较少见，可采用在裂缝两端钻 2 个小孔来阻止横向裂痕的延伸，然后在管线上安装 1 只维修夹或其他抢修件。

2. PVC 管

大部分管道损坏是由于臭氧化和紫外线照射引起的。由于其结构强度较低，土壤沉降或交通负荷增加也易造成管线破裂。最佳维修方法是截下破损一段，换上新的带接头的管。若在某些场合无法使用这种带接头的管，则可使用 PVC 哈夫节或不锈钢维修夹。

预应力钢筒混凝土管（PCCP）。排水管道运行时可能出现

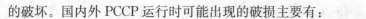

的破坏。国内外 PCCP 运行时可能出现的破损主要有：

（1）因接头安装不到位，接头内胶圈啃边、撕裂而造成的接头漏水。

（2）因外部原因，如打桩定位错误直接打在管体上，造成管体开孔、破损。

（3）因未按设计要求进行施工，造成管线上的弯管支推墩滑移及管道上的镇墩、穿垟管与管线标准管接头处的局部沉降（陷）。

玻璃钢夹砂管（FRP）。主要是夹砂层与缠绕层分层，内衬白条发白、变形开裂、接口易渗漏等。

PVC-U 及 HDPE 双壁波纹管、PVC-U 加筋管。易发生脆性破坏、变形开裂等。

HDPE 中空壁缠绕管、PVC-U 缠绕式排水管、双平壁钢塑复合缠绕管（内外壁均为平壁）、HDPE 增强缠绕管、钢带增强 PE 螺旋波纹管、PE 塑钢缠绕管（内壁平滑，外壁带波纹状）。管道一般是因受挖掘等机械外力作用而损坏的。

4.2.4　排水管道开挖抢修案例

案例一：某泵站球墨铸铁出水压力管破损修复方案

1. 工程概况

某泵站自 2002 年建成以来，出水压力管投入使用运行时间较长。该管道主要承担输送工业区电镀及工业污废水，长期从废水中挥发出的腐蚀性气体对管道造成腐蚀，导致管道经常破损。为了确保管网设施正常运行，经上级排水单位同意，对破损管道进行修复。破损管段长约 6m，管径 DN 800mm，材质为应力混凝土管。

厂部领导与相关人员经现场勘查和图纸比对后，决定用路面开挖方式进行抢修。首先对现状破损的管线进行现场开挖，待管道清理后采用拼接法对破损的污水压力管道进行更换修复。新旧管道缝隙间采用特制的套管连接，管道对接好后用水泥和石棉打口并用外浇混凝土法进行充实。

2. 主要工程量

更换修复破损压力管长度 6m，套管 1 个，管径 DN 800mm，材质为球墨铸铁管。

3. 施工方法

（1）工程顺序：现场开挖→导流，降水→混凝土垫层→管道拼接→外浇混凝土充实→回填→清理现场→竣工验收。

（2）主要施工方法：①现场开挖。为了保证施工及人员安全，管道施工开挖前，现场施工管理人员需要对地下管线进行调查摸底，了解地下管线的种类、走向、埋深等情况，杜绝盲目施工。②导流、降水。由于现况污水管网正在运行，施工时需泵站停止提升污水并将泵站内压力盖板打开泄压（目的：将压力管道内积水导流，减少施工现场的积水），用污水泵进行现场降水。③混凝土垫层。修复的球墨铸铁管压力管管基采用混凝土基础。④管道拼接。新旧管道缝隙间采用特制的套管连接，管道对接好后用水泥和石棉打口，在管道接口处填充注浆。石棉水泥接口是承插铸铁管最常用的一种连接方法。它以石棉绒、水泥为原料，水泥强度等级不应低于 32.5，石棉宜用 4 级或 5 级。石棉水泥的配合比石棉：水泥：水一般为 3：7：1 或 2：8：2。接口时应先将已拧好的麻股塞入接口，然后将拌和的石棉水泥分层填入接口，并分层用专用工具打实，打完口后应做好灰口的湿养护。石棉水泥填料应在 1h 内用完；否则，超过水泥初凝时间，影响接口效果。石棉水泥养护需在

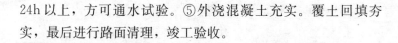

24h 以上，方可通水试验。⑤外浇混凝土充实。覆土回填夯实，最后进行路面清理，竣工验收。

案例二：某道路 HDPE 管塌陷变形管道修复方案

1. 工程概况

某道路现况污水管线由于管道内出现严重塌陷变形导致管段破损，造成管线堵塞，污水排放困难而溢流至路面。为了确保排水设施正常运行，经上级排水单位同意，对破损管道进行抢修恢复。该段管管径 DN 800mm，管材为 HDPE 增强缠绕管。

厂部领导与相关人员经现场勘查和图纸比对后，发现该段污水管道深度 3.0～3.2m，周边土质为黏土，故初步决定采用路面开挖方式进行抢修。开挖后发现，管道塌陷变形长度约 5m，该段管还横穿某道路一条 3m×2m 的排洪箱涵，并且发现排洪箱涵有海水倒灌现象。

考虑到破损管道所处位置情况特殊，管位在快车道上，路面车流量大，且是填海路基，横穿排洪箱涵的管段还需要进行保护等因素，经讨论研究决定，开挖一长约 12m，宽度 2.5m，深度 3.5m 的管道基坑，新更换长 11m、管径 800mm、管材 HDPE 增强缠绕管的污水管段，其中横穿排洪箱涵的管段用管径为 1000mm、长 4m 的钢管进行套管保护，在 Wa27～29 之间新砌一座检查井，再进行排洪箱涵修复，闭水试验合格后，覆土回填夯实，最后进行路面的修复。

2. 主要工程量

（1）开挖长约 12m、宽度 2.5m、深度 3.5m 的管道基坑。

（2）新建检查井一座。

（3）更换 HDPE 增强缠绕管，长 11m，管径为 800mm。

（4）新增套管，钢管长 4m，管径为 1000mm。

（5）排洪箱涵和路面修复。

3. 施工方法

（1）工程顺序：设置安全围挡→封堵、导流→管段内窥复查→路面开挖→新旧管段替换→检查井施工，井与管对接→闭水试验→排水箱涵修复→覆土回填、夯实、路面修复→清理现场→竣工验收→拆堵。

（2）主要施工方法：

① 导流，封堵，拆堵。根据现场调查情况，由于现况污水管段正在运行，过水量较大，施工时需在上游管线进行封堵，架临时水泵进行导流，待抢修结束后，将所有的封堵一并清理干净。

② 管段内窥复查。为了保证开挖位置的准确性，再次进行管道内窥的检查。

③ 新旧管段替换，检查井施工。在安全围挡范围内，开挖长约 12m、宽度 2.5m、深度 3.5m 的管道基坑，清理破损的旧管后，将用钢管保护好的新的 HDPE 增强缠绕管下到基坑内。根据规范新建一座检查井，并与管道对接。

④ 闭水试验。根据排水管道验收规范，组织对修复的管道、检查井进行密闭性试验。

⑤ 回填，验收。按要求进行沙土回填，夯实路基，修复路面，组织验收。

案例三：某路段钢筋混凝土污水管道
W14～W15 检查井间抢修

1. 工程概况

现况污水管线于 2005 年竣工并投入运行，主要承接的是轻工食品园及工业园的污水在巡查中发现管道（主要是重力流管段）

内壁上半部分的水泥管壁脱落严重，水泥管道的钢筋骨架基本被腐蚀，经分析造成腐蚀的原因是食品类污水有机物含量较高，污水在管道内流动中产生大量的腐蚀气体，使水泥管道内壁被气体腐蚀严重，造成腐蚀破损，由此造成极大的安全隐患。

2015年3月，××厂在排水中心配合下再次对该段管线进行窥视镜检查及管道机器人探测，发现W14～15处破损3处，导致管道上部大量沙土流入污水管网，为避免因沙土流失造成路面塌陷，影响行人安全事故的发生，××厂经与公路局协调，经公路局同意决定于3月28日对该处约40m，管径DN600mm管道进行应急抢修。

首先对破损管线进行路面开挖，清理出工作面，采用管道平铺及内衬增强缠绕管（HDPE管），管井与对接口采用水泥砂浆及快速水泥封堵的抢修方案。

2. 主要工程量

HDPE增强缠绕管（波纹）长40m，管径DN500mm。

3. 施工方法

（1）工程顺序：破损管位开挖→机械（挖掘机）配合人工清理砂土→管道推进（人工顶管）→管道填充混凝土→开挖管槽回填砂垫层→路面修复→清理现场→竣工验收。

（2）主要施工方法：

① 确定破损位置，施工围挡，机械开挖。根据现场调查情况，采用挖掘机进行开挖。在机械无法作业时，人工配合清理淤土。

② 人工下管及顶管。为了保证施工及人员安全，施工人员在管槽下作业均需佩戴安全帽，并听从地面人员指挥。

③ 管道就位后用混凝土填充。

④ 开挖管槽回填砂垫层。

第5章 排水管道非开挖修复技术

5.1 非开挖修复工艺

5.1.1 整体修复法（原位固化法、CIPP）

在施工现场将浸有树脂的软管一端翻转（拉入）并用夹具固定在待修复冲洗干净的旧管入口处，然后利用水压或气压使软衬管浸有树脂的内层翻转到外面并与旧管的内壁紧贴。使树脂固化。形成一层树脂内衬"管中管"从而使已发生破损的或失去输送功能的地下管道在原位得到修复。

1. 施工要点

施工工艺为水翻、气翻与拉入蒸汽固化三种，其工艺原理如下：

（1）水翻：水翻所利用的翻转动力为水，翻转完成后直接使用锅炉将管道内的水加热至一定温度，并保持一定时间，使吸附在纤维织物上的树脂固化，形成内衬牢固贴服被修复管道内壁的修复工艺，特点是施工设备投入较小，施工工艺要求较其他两种简单。

（2）气翻：气翻使用压缩空气作为动力将内衬管翻转至被

修复管道内的工艺，使用蒸汽固化，特点是现场临时施工设施较少，施工风险较大，设备投入成本较高。

（3）拉入蒸汽固化：拉入采用机械牵引将双面膜的内衬管拖入被修管道，使用蒸汽固化。特点是施工风险较大，内衬强度高，现场设备多，准备工艺复杂。

2. 施工流程

原位固化法主要施工流程如图 5-1 所示。

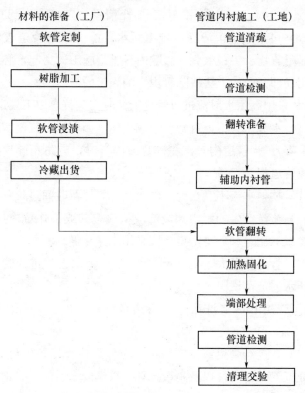

图 5-1　原位固化法主要施工流程

3. 管道清疏

管道检测前必须进行清疏，去除附着于管内的污物，清洗后的管道表面应无明显附着物、尖锐毛刺等影响内衬管道施工的异物，如有必要需采取针对性的预处理措施。

施工前应采用人力疏通、机械疏通或高压射水等方式将附着于管内的污物等去除。根据采用电视检查或者目测检查的结果，事先将阻碍施工的障碍物，如树根、砖块等去除，大管径（DN≥800mm）可采用人工进管清除，小管径（DN＜800mm）可采用绞车清除，排干积水。清洗后的管道表面应无明显附着物、尖锐毛刺、影响内衬管道施工的突起，必要时可采用局部开挖的方法清除管内影响施工的障碍。

1）采用高压水射流进行管道清洗时，应符合以下规定：

（1）水流压力不得对管壁造成损坏（如剥蚀、刻槽、裂缝及穿孔等）。当管道内有沉积碎片或碎石时，应防止碎片弹射而造成管道损坏。

（2）喷射水流不宜在管道内壁某一点停留时间过长。

（3）清洗产生的污水和废渣应从检查井或工作坑内排出，为减少水的用量和环境污染，宜采用水净化循环利用系统。

（4）管道直径大于800mm时，也可采取人工进入管内进行高压水射流清洗。

2）采用PIG清洗法进行管道清洗作业时，应符合以下规定：

（1）在进行管道清洗工作前，应仔细检查设备的可靠性，包括充气囊的密封性以及是否损坏、绞车的牵引能力、钢丝绳是否完好等。

（2）确保管道内无尖锐的碎渣、突出物等，以防止损坏充气或充水胶囊。

（3）气囊在管道内扩张的压力不宜过大，以防管道破裂或变形。

（4）水囊或气囊在管道内的前进速度不宜超过 0.1m/s。

（5）从管道清理出来的碎渣应按照相关规定处理，不得随意堆放或丢弃。

4. 管道检测

管道检测是管道损坏长度、位置、程度的判断是否能够采用原位固化法修复的重要依据。检测需正确描述管道出现的破损、裂缝、漏水、错位、变形、腐蚀等现象的数量、位置、损坏程度。同时应对管道的直径、长度、井深等进行测量，每个数据应重复测量不少于 3 次，取其平均值。管径 DN＜800mm 的管道检测应由闭路电视检测车完成，管径 DN≥800mm 的管道检测由闭路电视检测车或人员进行管检测。一般在施工前已进行了检测，但内衬施工时为了确保管道内衬质量需对前期检测情况进行复核。如发现管内缺陷状况加剧，应及时与设计单位协调解决。

1）闭路电视检测应符合以下要求：

（1）采用闭路电视进行管道检测和评估应以相邻两座检查井之间的管段为单位进行。

（2）检测前应对设备进行全面的检查，并在地面试用，以确保设备能够正常工作。

（3）在仪器进入井内进行检查前，应先拍摄看板，看板上应用清晰端正的字体写明本次检测管道的地点、管道材质、编号、管径、时间、负责人员姓名等信息。

（4）采用闭路电视进行检测时，管道内水位高度不应大于管道垂直高度的 20%。

（5）遇到管道内缺陷或异常，检测设备应暂时停止前进，变换摄像头对缺陷异常部位进行仔细摄像后再继续前进。

（6）当检测遇障碍物无法通过时，应退出检测器，清除障碍物之后继续检测。

（7）当旧管道内壁结垢、淤积或严重腐蚀剥落等影响电视图像效果时，应对管道内部进行清洗后继续检测。（管道检测如图 5-2 所示）

2）人工检测应符合以下要求

（1）对于直径大于 800mm 的管道，也可采用人工进入管道进行检查。人工检测距离一次不宜超过 100m。

（2）采取人工进入检测时，管道内积水深度不得超过管径的 1/3 并不得大于 0.5m，管内水流流速不得超过 0.3m/s，管道内水流过大时，应采取封堵上游入水口或设置排水等措施降低管内水位。

（3）采用潜水员检查管道时，管径不得小于 1200mm，流速不得大于 0.5m/s。

（4）井检测工作人员应与地面上作人员保持通信联络。

（5）井下检测人员应携带摄像机，列管道内缺陷位置进行详细拍摄记录，摄像画面应清晰。

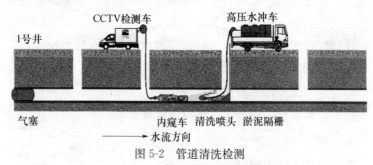

图 5-2　管道清洗检测

（6）管道缺陷在管段纵向的位置应采用该缺陷离起始井之间的距离来描述。缺陷在管道环向的位置应采用时钟表示法来描述，前二位钟点数代表缺陷的起始点，后二位钟点数代表缺陷的结束点（图 5-3）。

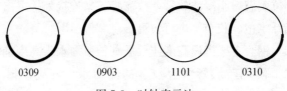

0309　　　0903　　　1101　　　0310

图 5-3　时钟表示法

5. 翻转准备

对管道的清洗和检测应符合规定，确保管道与井室表面无明显附着物、尖锐毛刺等异物。根据设计方案和现场实际情况确定工作台搭建的位置、高度，支架连接处等突出部位。应用聚酯纤维毡、胶布等进行包裹。在接收井内设置挡板等工作。支架需坚固、稳定，以防止事故发生，影响正常工作。

1）送入辅助内衬管

为保护树脂软管，并防止树脂外流影响地下水水质等，把事先准备好的辅助内衬管翻转送入管内。要注意检查各类设备的工作情况，防止机械故障。

2）软管翻转

在事先已准备的翻转作业台上，把通过冷藏运到工地的树脂软管安装在翻转头上，应用压缩空气或水把树脂软管通过翻转送入管内。如果天气炎热，要在树脂软管上加盖防护材料以免提前发生固化反应影响质量。

翻转施工为连续性工作，施工期间不得停顿，为确保翻转施工过程的顺利进行，应满足下列要求：

（1）翻转施工前应对修复管道内部情况进行检查，在管道内平铺防护带，减小摩擦阻力，保护树脂浸渍软管在翻转过程中不会发生磨损扭曲或结扎现象。

（2）施工人员需在钢管支架上进行翻转操作，且翻转端部需固定在支架上，故支架应搭接稳固。为防止在翻转过程中，突出部位刺破树脂浸渍软管，故需将支架连接处等突出部位应用聚酯纤维毡、胶布等进行包裹。

（3）钢管支架搭设高度应根据翻转所需水头高度确定。从下游往上游翻转或管内有较多的滞留水时，应该提高翻转水头。

（4）翻转与加热用水应取自水质较好的水源，宜为自来水或Ⅲ类水体及以上的河道水。

（5）为降低翻转摩阻力可将润滑剂直接涂在树脂浸渍软管上或直接倒入翻转用水中，不应对内衬材料、加热设备等产生污染或腐蚀影响。

（6）接合缝不得破裂或渗漏。

（7）树脂浸渍软管的翻转速度应保持均匀可按下列要求控制：$\phi 400mm$ 以下：5m/min 以下；$\phi 400mm$ 以上：2m/min 以下。翻转要在适当的速度之内进行，使软管与厚管道能都粘贴。注意水头高度（水压）不要剧烈上升或下降，注水流量应严格控制，防止突然流量加大引起软管翻转速度加快，造成软管局部拉伸变薄。

（8）翻转完成后，应保证树脂浸渍软管比原管道两端各长 200mm 以上。

在翻转施工进行过程中，无法顺利翻转到位或发生不可预计情况需中断施工。而树脂浸渍软管已经进入待修复管道的，在全部作业人员安全上井的前提下，应立即将其拖出，以避免树脂浸渍软管在未完全翻转到位的情况下固化。若发生这种情况，不仅该段软管必须报废，更有可能需要大开挖施工，才能将待修复管道与固化管一并挖除更换。

6. 加热固化与冷却

1）固化

树脂软管翻转送入管内后，在管内接入温水输送管。同时把温水泵、锅炉等连接起来，开始软管的加热固化工作。此时要严格控制好温度和时间，以免发生未完全固化等质量问题。

供热设备应将热水输送至整段树脂浸渍软管，使树脂浸渍软件内壁均匀受热。固化所需温度应根据管径、材料壁厚、树脂材料、固化剂种类及环境温度等条件的不同具体确定，一般可为 60～85℃。加热前，应在锅炉的热水出入口以及待修复管道上下游端部伸入 20～30cm 的位置安装温度传感器，从加热开始到结束对温度进行持续测量，并用图表纸将温度测量值持续记录下来。加热固化过程中管道始端与末端间温度差不应超过 15℃。加热固化时应控制温度逐步上升，随时观测固化过程中的温度变化。固化管末端遇冷水情况在施工中较容易发生，应定时检查端部，及时抽除冷水，以免影响端部固化。

固化过程中，应考虑修复管段的材质、周围土体的热传导性、环境温度、地下水位影响固化温度和时间。固化过程中温度及压力的变化应有详细记录。

采用热水或热蒸汽对翻转后的浸渍树脂软管进行固化。

采用热水固化应满足下列要求：

（1）热水的温度应均匀地升高，使其缓慢达到树脂固化所需的温度。

（2）在热水供应装置上应安装温度测量仪检测水流入和流出时的温度。

（3）应在修复段起点和终点的浸渍树脂软管与旧管道之间安装温度感应器以监测管壁温度变化。温度感应器应安装在至少距离旧管道端口里侧 0.3m 处。

（4）可通过温度感应器监测树脂放热曲线判定树脂固化的状况。

采用热蒸汽固化应满足下列要求：

（1）应使热蒸汽缓慢升温并达到使树脂固化所需的温度。固化所需的温度和时间应符合规定。

（2）蒸汽发生装置应具有合适的监控器以精确测量蒸汽的温度。应对内衬管固化过程中的温度进行测量和监控。

（3）可通过温度感应器监测树脂放热曲线判定树脂固化的状况。

（4）软管内的水压或气压应大于使软管充分扩展的最小压力，且不得大于内衬管所能承受的最大内部压力。

2）冷却

（1）软管固化完成后，应先冷却，然后降压。采用水冷时，应将内衬管先冷却至38℃以下，然后降压；采用气冷时，应先冷却至45℃以下，然后降压。在排水降压时必须防止形成真空使内衬管受损。

（2）加热完成后，若立即放空管内热水，可能因降温过快致使固化管热胀冷缩产生褶皱甚至裂缝，故需待固化管内热水逐渐冷却至38℃以下，方可释放静水压力，避免产生褶皱或收缩裂缝（固化时间与温度变化对应关系如图5-4所示）。

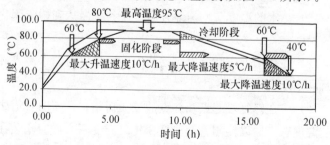

图5-4　固化时间与温度变化对应关系

7. 端部处理

（1）软管加热固化完毕以后，把管的端部为了扎紧内衬材料而多余的部分（根据管道直径大小，长度为 0.5～1.0m）用特殊机械切开。同时为了保证良好的水流条件，井的底部做一个斜坡。

（2）软衬管内冷却水抽除或空气压力释放后，才能切割端部软衬管，切口宜平整。

（3）软衬管端部切口必须用快速密封胶（或树脂混合物）封闭软衬管与原管内壁的间隙。

（4）为保证内衬管与井壁的良好衔接，切割内衬管时，在修复段的出口端将内衬管端头切割整齐，应做到切口平整，并与井壁齐平，并可在管口外留出适当余量，一般可为管径的 5%～10%。

（5）固化管端部切口必须封固，如果内衬管与旧管道粘合不紧密，固化管端部与待修复管道内壁之间的空隙，应采用灰浆或环氧树脂类快速密封材料或树脂混合物等进行填充、压实，防止漏水。

8. 施工后管道检测

为了了解固化施工后管道内部的质量情况，在管端部切开之后，对管道内部进行检测。检测采用 CCTV 检测设备，把检测结果拍成录像资料，根据委托方要求，把录像及检查结果提供给发包方。

9. 清理交验

管道修复完成后拆除砖封（气囊），恢复通水，井盖下部加设安全网及标识。撤除临时设备设施，清理现场施工垃圾，整理施工资料上交准备验收。

10. 质量控制要求

1) 主控项目

(1) 内衬管材应进行进场检验要求。

检查方法：检查产品质量合格证明书和检验报告。

(2) 所用修复材料的质量符合工程要求。

检查方法：检查产品质量合格证明书。

(3) 内衬管符合设计要求。

检查方法：每批次材料至少 1 次应在施工场地使用内径与修复管段相同的试验管道制作局部内衬。至少 2 次测试得到的圆环形样品的初始的弹性模量值。

2) 一般项目

(1) 内衬厚度应符合设计要求。

检查方法：逐个检查；在内衬圆周上平均选择 4 个以上检测点，使用测厚仪测量并取各检测点的平均值为内衬管的厚度值，其值不得少于合同书和设计书中的规定值。

(2) 管道内衬表面光滑，无褶皱，无脱皮，均符合要求。

检查方法：目测并摄像或电视检测内衬管段，电视检测按《排水管道电视和声纳检测评估技术规程》（DB 31/T 444—2009）。管内残余废弃物质已得到清除。

(3) 管道接口裂缝应严密，接口处理要贯通、平顺、均匀，均符合设计要求。

检查方法：目测并摄像或电视检测内衬管段，电视检测按《排水管道电视和声纳检测评估技术规程》（DB 31/T 444—2009）。

11. 质量控制措施

(1) 内衬新管内壁检测必须符合：表面无鼓胀，无未固化现象；表面不得有裂纹；表面不得有严重的褶皱与纵向棱纹。

(2) 内衬新管端部切口与井壁平齐，封口不渗漏水。

（3）内衬新管实测实量应符合下列要求：内衬新管厚度应符合设计要求；内衬新管厚度检测位置，应避免在软管的接缝处，检测点为内衬新管圆周均等四点，取其平均值；内衬新管设计厚度 $t \leqslant 9\text{mm}$ 时，厚度正误差允许在 $0 \sim 20\%$；内衬新管设计厚度 $t > 9\text{mm}$ 时，厚度正误差允许在 $0 \sim 25\%$。

（4）内衬新管取样试验应符合下列要求：采样数量以每一个工程取一组试块，每组 3 块。单位工程量小于 200m 时，根据委托方的要求进行；试块一般在施工现场直接从内衬新管的端部截取。受现场条件限制无法截取时，可以采用和施工条件同等的环境下制作的试块。

（5）内衬新管竣工验收技术资料应具备：聚酯纤维毡、热固性树脂应有质量合格证书及试验报告单，并应在符合储存条件保质期内使用；施工前、施工后排水管道电视检测录像资料；内衬新管厚度实测实量资料；内衬新管试块测试资料等。

12. 工程检测要求

1）外观检测

（1）对于每种修复方法，当修复更新作业完成后都应采用闭路电视设备对管道内部进行检查，管径较大时也可派人进入管道检测，其影像资料进入竣工档案中。

（2）新的内衬管不得出现局部凹陷、划伤、裂缝、磨损、孔洞、干斑、隆起、分层和软弱带等缺陷以及超过管径 10% 的变形、相对高度大于 2% 管道内径的褶皱等缺陷；管道内不得存在地下水渗入的现象。

（3）对内衬管与旧管之间的环状间隙进行注浆充填的修复工程，注浆固结体应能够牢固支撑内衬管道。

（4）应核查修复施工所用管材、管件、管道附件以及其他相关材料的合格证、检测报告等质量证明文件，确保其在质量保证期内。凡非标准产品，均应参照相应的标准作性能试验或检验。

2）取样检测

（1）每一个独立的工程均应进行取样检测。应根据不同的修复工艺对其过程检查验收的资料进行核实，符合设计、施工要求的管道方可进行强度试验。

（2）当采用同一批次产品在相同施工条件下进行多个安装段施工时，应至少每5个安装段取一组样品进行检测，少于5个安装段时，取一组样品进行检测。

（3）原位固化法的现场取样应符合以下要求：应在管道的起始端或末端安装一段与旧管道内径相同，长度宜不小于旧管道一倍直径的拼合管。拼合管的长度应使样品管能满足测试试样的数量要求。在拼合管的周围应堆积沙包等保持管道的温度；在管道修复过程中，同时对拼合管进行内衬，待内衬管复原冷却或固化冷却后，分离拼合管，切下样品管。

（4）应采用《塑料管道系统塑料部件尺寸的测定》（GB/T 8806—2008）中相应的方法测量原位固化法内衬管壁厚。管道的平均壁厚不得小于设计壁厚，任意点的厚度不应小于设计值的90%。

（5）原位固化法内衬管的短期力学性能的测试应按表5-1和表5-2中的规定进行，并满足其规定的要求。内衬管的长期力学性能应根据业主的要求进行测试，其不应小于初始性能的50%。

表5-1　不带玻璃纤维原位固化法内衬管的初始结构性能

结构性能	测试方法	最小值（MPa）
弯曲强度	GB/T 9341—2008	31
弯曲模量	GB/T 9341—2008	1724
抗拉强度	GB/T 1040.2—2006	21

注：本表只适用于CIPP内衬管初始结构性能的评估。

表5-2　带玻璃纤维的原位固化法内衬管的初始结构性能

结构性能	测试方法	最小值（MPa）
弯曲强度	GB/T 1449—2005	45
弯曲模量	GB/T 1449—2005	5000
抗拉强度	GB/T 1040.4—2006	62

注：本表只适用于CIPP内衬管初始结构性能的评估。

（6）对于CIPP法，应进行耐化学腐蚀试验。内衬管的抗化学腐蚀试验应符合以下规定：耐化学性的检测应按照相关标准进行，浸泡时间最短为一个月，试验温度为23℃；样品浸泡完成后，按表5-3、表5-4的规定检测弯曲强度和弯曲模量，检测结果应分别不小于样品初始弯曲强度和弯曲模量的80%。

3）渗漏检测

内衬管安装完成后，应对内衬管道进行渗漏检测（局部修复不需进行渗漏检测）。测试必须在内衬管冷却到周围土体温度后进行。应采下列两种方法之一对新管道进行渗漏测试。

（1）闭水试验：按照现行《给水排水管道工程施工及验收规范》（GB 50268—2008）无压管道闭水试验的相关规定进行。实测渗水量应小于或等于按公式（5-1）计算的允许渗水量：

$$Q_e = 0.0046 D_L \tag{5-1}$$

式中　Q_e——允许渗水量 $[m^3/24 (h \cdot km)]$；

　　　D_L——试验管道内径（mm）。

（2）闭气法试验应按照相关规定进行。对于直径大于1500mm的管道，不宜采用渗漏测试，而应通过对内衬管内部的观察来判断其渗漏性。内衬管内部不得有可见的渗漏现象。对于局部修复，不需进行闭气或闭水试验，而应通过CCTV检测来判断其渗漏性。内衬管内壁不得有渗漏现象，内衬管与旧管道应接触紧密，待修复缺陷部位应被完全覆盖，内衬管与旧管壁接触处应没有渗流现象。渗漏检测合格后应及时回填操作坑，并清理施工现场。操作坑回填应按照《给水排水管道工程施工及验收规范》（GB 50268—2008）要求进行。

5.1.2 局部修复法（不锈钢发泡筒法）

非开挖局部修复工艺适用于管段整体基本完好，个别部位存在障碍及因施工因素制约或交通要求需尽快修复的情况，主要施工方法包括不锈钢泡法和点状原位固化法。

管道清理→管道检测→不锈钢卷筒（树脂浸渍）运载小车和CCTV设备就位→点位修复→释放气压（树脂固化）→施工后管道检测→清理交验

1. 施工要点

管道的检测与清洗应符合规程相关规定。清洗后尚应符合以下要求：

（1）待修复部位及其前后各延伸500mm范围内的管道内壁应无污垢、剥蚀碎片杂物等影响发泡胶卷结的杂物。

（2）管道内水位不应超过管道内径的10%，必要时应采取临排措施。

所采用的材料与设备要求：

① 所采用的不锈钢、海绵、发泡胶等材料应符合国家有关标准的要求，应具有质量合格证和质量检测报告；

② 所用材料应无毒、无刺激性气味、不溶于水、对环境无污染；

③ 发泡材料应符合以下要求：发泡剂应采用双组分，在作业现场混合使用；发泡胶固化时间应可控，固化时间宜在30～120min。

（3）施工过程规定。

① 应分别在始发井和接收井各安装一个卷扬机牵引不锈钢卷筒运载小车和 CCTV 设备。

② 可通过 CCTV 设备监控不锈钢卷筒在管道内的位置。

③ 应缓慢向气囊内充气，使钢卷筒和海绵缓慢扩展开并紧贴旧管壁，气囊最大压力宜控制在 392kPa 以下，不得破坏卷筒的卡锁机构。

④ 当确认钢卷筒完全扩展开并锁定后，缓慢释放气囊内的气压，并收回运载小车和 CCTV 设备。

（4）质量控制措施。

① 不锈钢板应符合以下要求：不锈钢板应采用 T304 及以下材质；不锈钢板厚度不应小于 2mm，管径越小，厚度相应增加；不锈钢板两边应加上成锯齿形边口，边口宽度宜为 20mm；止回扣应能保证往卡住后不回弹，且不应对修复气囊造成破坏。

② 不锈钢卷筒设计与制作应符合以下要求：应根据管道检测的结果，合理设计不锈钢卷筒的长度和直径，不锈钢及海绵的长度应能覆盖整个待修复的缺陷，且前后至少各长 200mm；不锈钢卷筒的制作宜在车间内完成；发泡胶用量应为海绵体积的 80%。发泡胶的涂抹应在现场荫凉处完成，防止强光直射。

③ 气囊应符合以下要求：气囊长度不宜大于井口直径的 1.5 倍；气囊直径不宜大 T-IH 管道直径的 0.8 倍。

5.1.3　局部修复法（点状原位固化法）

1. 施工要点

（1）管道检测与清洗应符合规程相关规定。

（2）材料应满足如下要求：

① 点状原位固化法采用与原位固化法相同的材料时，应满足规程规定。

② 如果采用常温固化树脂，树脂的固化时间宜为 2～4h，不得小于 1h，固化时间可根据修复段的直径、长度以及施工条件确定。

（3）点状原位固化法内衬管设计应符合下列规定：

① 点状原位固化法内衬管厚度的设计应符合规程厚度的设计规定。

② 内衬管的长度应能覆盖待修复缺陷，并前后至少各长 200mm。

（4）浸渍树脂

① 树脂的浸渍宜按照规程规定进行，也可根据实际情况采取特殊的浸渍工艺。软管应得到充分的浸渍，不应有干斑、气泡等缺陷。

② 软管浸渍完成后，应尽快进行修复施工。否则应妥善保存，防止灰尘等杂物污染，且应保存在适宜的温度下，防止树脂过早固化。

2. 质量控制措施

1）软管的安装应遵循以下规定

（1）软管应绑扎在可膨胀的气囊上，气囊应由弹性材料制成，能承受一定的水压或气压密封性能良好。

（2）可采用小车将浸渍树脂软管运送到待修复位置，并采用 CCTV 设备实时监测，辅助定位。

2）软管的固化应符合以下规定

（1）当采用常温固化树脂体系时，气囊宜充入空气进行膨胀，如采用加热固化的树脂系，应先采用空气或水使软管膨胀，再置换成热蒸汽或热水进行固化。

（2）气囊内气体或水的压力应能保证软管紧贴旧管内壁，但不得超过软管材料所能承受的最小压力。

（3）采用加热固化方式时，应按照规程规定进行操作。

（4）固化完成后应缓慢释放气囊内的气体。如果采用加热固化法，应先将气囊内气体或水的温度降到 38℃，然后缓慢释放气囊内的气体或水。

5.2　非开挖修复施工控制

5.2.1　CIPP 工法施工中常见的质量问题及措施

1. 针孔与缺口

内衬管翻转加热固化之后，在使用过程中有管外的水流渗入管内。可能的原因是软管的防渗膜破损，或者软管在运输工程中或施工过程中出现损坏。对于这种损坏形式，如果没有可见的渗漏则影响不大。但如果渗漏明显的话就需要采取补救措施，如果是局部渗漏可以采取局部内衬修复技术；如果大面积出现渗漏则需全部从新修复；在大直径的污水管道中，也可以采取人工灌注坏氧树脂的方法补救。

2. 起皱

CIPP 修复工程中可能出现轴向与环向两类褶皱，轴向起皱产生的主要原因可能是原管径测量不准，内衬管直径过大，或者原管道内径不一致。环向起皱的原因可能是翻转过程中压力不足，或者由于旧管道直径在修复段内不一致引起。

3. 起泡

在施工过程中，如果固化温度过高或者防渗膜与织布之间黏合不牢固，就有可能出现气泡现象。气泡使得内衬管很容易被磨损，严重降低了内衬管的使用寿命（图5-5）。

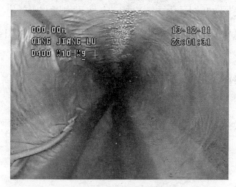

图5-5　内衬管内起泡

4. 软弱带

如果施工工艺不到位，或者施工环境不适宜，有可能导致内衬管固化不完全，从而出现软弱带。加热的温度太低，加热固化时间太短，或者由于管外地下水温度低都可能是影响了软管的固化的原因，内衬管道的结构强度达不到要求。出现这种情况的工程应该被判为不合格，应重新进行修复，如果只是局部出现软弱带，可以切除该部分，然后进行局部修复（图5-6）。

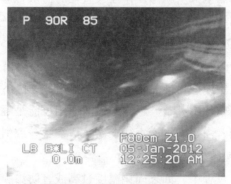

图5-6　内衬管内软弱带

5. 隆起

管道内的杂质清理不彻底，或者管道错位破损都有可能导致内衬管的隆起。这些隆起可能会对流体的通行造成阻碍（图 5-7）。

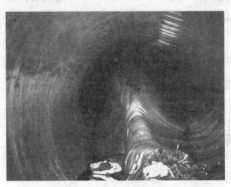

图 5-7　内衬管内隆起

6. 白斑

如果编制软管没有被树脂或聚酯浸透，这些未浸透固化剂的区域在固化后会使内衬管内壁留下一些白斑。这些白斑是不符合要求的，需要进行局部的切除和修复，如果在整个管段上出现较多的白斑，就要求全部移除，重新修复。

7. 内衬管裂开

开裂的原因可能是冷却速度过快收缩而引起的，一旦内衬管出现开裂，就应判为不合格工程。需要局部重新修复，或整段重新修复。

8. 内衬管与旧管分离

这种问题发生的原因：翻转与固化时气压或水压不足；旧管破坏严重；内衬管直径比旧管内径小。除由于旧管破裂太严重所引起的内衬管脱落是无法避免的外，而其他原因是应该避免。

5.2.2 质量检查与验收

施工单位在修复更新工程完工后，应先对修复更新管道目测进行外观检查，以及强度、严密性试验预验，合格后通知相关部门验收。

排水管道修复更新工程的竣工验收，应由建设单位组织，设计单位、施工单位、监理单位按本规定程序要求进行联合验收。

1. 工程实体验收

工程实体验收应包括下列内容：

（1）工程内容与要求应与设计文件相符。

（2）外观质量应包括修复更新前管材的几何尺寸等检测资料，接口的外观应符合接口的质量标准要求。管道的稳固性、工作坑及接收工作坑的处理应符合本规程的有关规定。

（3）管道强度试验、严密性试验应符合国家现行相关标准的规定。

（4）修复点位检测资料应符合设计文件要求。

2. 工程竣工档案验收

工程竣工档案验收应包括下列内容：

（1）核准开工的批件。

（2）施工图及施工组织设计。

（3）树脂、不锈钢材等材料的合格证和质量保证书。

（4）旧管道管线图和资料。

（5）修复前对旧管道内壁清洗后的闭路电视（CCTV）和评定资料。

（6）施工过程及检验记录。

（7）修复管道质量评定资料，含施工自评、监理评估、验收记录。

（8）施工后内衬管道内部的闭路电视检测记录。

（9）质量事故处理资料。

（10）生产安全事故报告。

（11）分项、分部、单位工程质量检验评定记录。

（12）工程竣工图和竣工报告。

（13）工程整体验收记录。

3. 工程施工质量验收符合条件

（1）工程施工质量应符合相关专业验收规范。

（2）工程施工质量应符合工程勘察、设计文件的要求。

（3）各分项工程应按照施工技术标准进行质量控制，各分项工程完成后，必须进行检验。

（4）相关各分项工程之间，必须进行交接检验，所有隐蔽分项工程必须进行隐蔽验收，未经验收或验收不合格不得进行下道分项工程。

（5）修复管道为复合管时的破坏试验测试报告。

（6）参加工程施工质量验收的各方人员应具备相应的资格。

（7）承担检测的单位应具有相应资质。

（8）对符合竣工验收条件的单位工程，应由建设单位按规定组织验收。施工、勘察、设计、监理等单位等有关负责人以及该工程的管理或使用单位有关人员应参加验收。

4. 验收文件和记录（表 5-3）

表 5-3 验收文件分类

序号	项目	文件
1	设计	设计图及会审记录，设计变更通知和材料规格要求
2	施工方案	施工方法，技术措施，质量保证措施

续表

序号	项目	文件
3	技术交底	施工操作要求及注意事项
4	材料质量证明文件	出厂合格证,产品质量检验报告,实验报告
5	中间检查记录	分项工程质量验收记录,隐蔽工程检查验收记录,施工检验记录
6	施工日志	详细记录施工当天的施工部位、施工工序、施工方案落实情况以及完成情况
7	施工主要材料	符合材料特性和要求,因有质量合格证及实验报告单
8	施工单位资质证明	资质复印件
9	工程检验记录	抽样质量检验及观察检查
10	其他技术资料	质量整改单,技术总结

竣工验收时应提供下列资料:

（1）固化管内壁的外观检查记录。

（2）不锈钢材、热固性树脂的质量合格证及性能检测记录。

（3）施工前、后排水管道影像检测记录。

（4）固化管管壁厚度实测检查记录。

（5）固化管试块性能测试记录。

5.2.3 季节性施工

1. 雨期施工

（1）根据工程特点和施工进度的安排要求,针对施工部位,认真组织有关人员分析施工特点,制定科学合理的雨期施工措施,对雨期施工项目进行统筹安排,本着先重点后一般的原则,采取合理的交叉作业施工,确保工程雨期不受天气影响。

（2）设专人负责记录天气预报，及时了解长期、短期、即时天气预报，准确掌握气象趋势，做好防雨、防风、防雷、防汛等工作，雷区应设置防雷措施，露天使用的电气设备要有可靠的防漏电措施，在雷阵雨时要暂停施工，台风区要有防风和防洪等措施。

（3）做好施工人员的雨期施工培训工作，组织相关人员进行一次全面检查，检查施工现场的准备工作，包括临时设施、临电、机械设备等。

（4）按现场施工平面图的要求，检查和疏通现场排水系统，做好现场排水，保证雨后路干，道路畅通。

（5）提前准备好雨期施工所需的材料、雨具及设备，料场周围应有畅通的排水沟，以防积水。堆在现场的配料、设备、材料等必须避免存放在低洼处，必要时应将设备垫高，同时用苫布盖好，以防雨淋日晒，并有防腐蚀措施。

（6）施工现场外露的管道或设备，应用防雨材料盖好；敷设于潮湿场所的管路、管口、管子连接处应作密封处理。

（7）有防雨罩或置于棚内，所有机电设备应设有防雨罩或置于棚内，并有安全接零和防雷装置，移动电闸箱有防雨措施，漏电保护装置可靠，保证雨季安全用电；使用用电设备前，对其进行绝缘摇测，达不到绝缘要求的电动工具严禁使用；雨期施工时间内应充分加强电缆及用电设备的监护。

（8）对敷设的电缆及导线两端用绝缘防水胶布缠绕密封，防止进水影响其绝缘性。

（9）考虑到雨季的实际情况，施工中每一个阶段都必须仔细规划好施工现场的排水设施，并严格按照已经拟订的方案进行实施，并于施工中保持排水沟的畅通。

（10）雨天作业必须设专人看护，防止塌方，存在险情的地方未采取可靠的安全措施之前禁止作业施工。

（11）施工人员要注意防滑、防触电，加强自我保护，确保安全生产。

（12）集中力量，快速施工，工作面不宜过大，应逐段分期施工。

2. 冬期施工

（1）对现场全体人员进行冬季施工技术及安全措施交底。

（2）冬期施工应有防风、防火、防冻、防滑等措施，加强安全工作，保护好"四口""五临边"，场地内临时道路等需要及时清理积水、冻雪、冰凌等，并采取适当的防滑措施，避免意外事故的发生。

（3）入冬前组织相关人员进行一次全面检查，做好施工现场的过冬准备工作，包括临时设施、机械设备及保温等项工作，及时地对打过压、灌过水的各类管道及附件的易积水处做详细检查，彻底放净积水，防止冻坏事故发生。

（4）组织技术人员、工长、现场管理人员进行冬期施工的交底，明确职责。让施工人员了解冬期施工的施工方法和注意事项。

（5）冬期施工中要加强天气预报工作，及时接收天气预报，防止寒流突然袭击。

（6）冬期施工结合冬期施工情况，做好安全技术交底，作业面要配备足够的消防器材。

（7）复查施工进度安排，对有不适合冬期施工要求的施工部位，应及时调整施工进度计划，合理统筹安排劳动力，对于工程技术要求高的施工项目，要进行冬期施工技术可行性综合分析。

（8）加强对冬期施工的领导，组织定期不定期的工程质量、技术检查，了解措施执行情况；安排专人检查水管的防冻

保温措施，每天进行巡视，记录检查情况。

（9）施工结束后清理工作场地，并切断各种机具设备的电源及使用的水源。

3. 高温期施工

（1）根据夏季高温施工特点，结合实际，组织编制有针对性的夏期施工方案，采取有效的防暑降温措施。

（2）密切关注天气变化情况，做好防暑降温知识的宣传教育。

（3）合理安排施工作息时间，高温期施工宜选在一天温度较低的时间进行。

（4）施工现场尽量遮阳。

（5）高温期施工应有防暑降温措施。

（6）加强高温期间施工安全监管。

5.3 非开挖修复施工管理

5.3.1 非开挖修复施工中的安全管理

1. 施工准备阶段安全技术措施（表5-4）

表5-4 施工准备阶段安全技术措施

准备类型	内容
技术准备	1. 了解工程设计对安全施工的要求； 2. 调查工程的自然环境（水文、地质、气候、洪水、雷击等）和施工环境（粉尘、噪声、地下设施、管道和电缆的分布、走向等）对施工安全及施工对周围环境安全的影响； 3. 在施工组织设计中，编制切实可行、行之有效的安全技术措施，并严格履行审批手续，送安全部门备案； 4. 确保安全施工对井下作业、水上作业、水下作业等特殊作业，制定专项施工方案

续表

准备类型	内容
物资准备	1. 及时供应质量合格的安全防护用品（安全帽、安全带、安全网等），并满足施工需要； 2. 保证特殊工种（电工、焊工、起重工等）使用工具、器械质量合格，技术性能良好； 3. 施工机具、设备（起重机、卷扬机、电锯、平面刨、电气设备等）、车辆等，须经安全技术性能检测，鉴定合格，防护装置齐全，制动装置可靠，方可进厂使用； 4. 为确保作业与周边人员的安全，在进场作业前，应事先对加热锅炉、热水输送管道、防毒面具、气体监测仪等设施、设备进行全面检查，确保工况正常，能够正常使用
施工现场准备	1. 按施工总平面图要求做好现场施工准备； 2. 现场各种临时设施、库房，特别是炸药库、油库的布置，易燃易爆品存放都必须符合安全规定和消防要求，须经公安消防部门批准； 3. 电气线路、配电设备符合安全要求，有安全用电防护措施； 4. 场内道路通畅，设交通标志，危险地带设危险信号及禁止通行标志，保证行人、车辆通安全； 5. 现场周围和陡坡、沟坑处设围栏、防护板，现场入口赴设"无关人员禁止入内"的警示标志； 6. 起重设备安置要与输电线路、永久或临设工程间有足够的安全距离，避免碰撞，以保证搭设脚手架、安全网的施工距离； 7. 现场设消防栓，有足够的有效的灭火器材、设施； 8. 施工前要办好交底卡，开挖前先摸清地下管线资料，管线走向，并开挖样洞，遇到地下管线有标高差异，及时与有关部门联系，并协商解决，不准擅自损坏其他地下管线； 9. 施工前应对周边地下管线和建筑物进行认真调查，设置相关的沉降和水平位移监测点，以及浆液观测点，严格控制注浆压力，防止因注浆压力控制不当造成周边公用管线和建筑物损坏； 10. 制订周密完善的封堵头子和临排措施，保证施工路段沿线单位、小区排水畅通； 11. 按确定的非开挖修复工法，进行现场、材料、施工环境、安全等各项准备，施工前应进行安全检查，施工段两侧堵头必须能够承受上、下游管道的水压；

准备类型	内容
施工现场准备	施工过程中应派专人密切关注与协调上、下游管道的水量情况，并对下列事宜进行事先调查了解： 1）管道内的排水时间以及排水时伴有的水位变化规律； 2）上、下游有无沟通的其他排水管道及其所在位置，如接入支管等； 3）通过天气预报了解当天的天气情况，预测管道内的流量，遇到大、暴雨等恶劣天气时，应暂停施工。 12. 根据对以上方面的详细调查，制定和实施合理地断水截留措施。在翻转施工前，应对两侧堵头和上游设泵排水等截流措施安全状态进行再次确认； 13. 根据《城镇排水管道维护安全技术规程》（CJJ 6—2009）的要求，进管检查或施工前，应做好通风、有毒有害气体监测、井下照明以及通信等措施
施工队伍准备	1. 总包单位及分包单位都应持有《施工企业安全资格审查认可证》方可组织施工； 2. 新工人、特殊工种工人须经岗位技术培训、安全教育后，持合格证上岗； 3. 高险难作业工人须经身体检查合格，具有安全生产资格，方可实施作业； 4. 工程作业人员，必须持有《特种作业操作证》方可上岗

2. 施工阶段安全技术措施（表 5-5）

表 5-5　施工阶段安全技术措施

工程类型	内容
局部修复	1. 单项工程、单位工程均有安全技术措施，分部分项工程有安全技术具体措施，施工前由技术负责人向参加施工的有关人员进行安全技术交底，并应逐级签发和保存"安全交底任务单"； 2. 安全技术，各项安全技术措施必须在相应的工序前落实好。如： （1）场内运输道路及人行通道的布置； （2）在建工程与周围人行通道及民房的防护隔离措施。 3. 操作者严格遵守相应的操作规程，实行标准化作业；

工程类型	内容
局部修复	4. 针对采用的新工艺、新技术、新设备、新结构制定专门的施工安全技术措施； 5. 在明火作业现场（焊接、切割、熬沥青等）有防火、防爆措施； 6. 考虑不同季节的气候对施工生产带来的不安全因素可能造成的各种突发性事故，从防护、技术、管理上有预防自然灾害的专门安全技术措施； （1）夏期进行作业，应有防暑降温措施； （2）雨期进行作业，应有防触电、防雷、防沉陷坍塌、防台风和防洪排水等措施； （3）冬期进行作业，应有防风、防火、防冻、防滑和防煤气中毒等措施。 7. 确保用电、用水、高温和人员井下作业的安全防范措施和应急措施，在封拆头子、未经彻底清洗或采用可能有毒气体溢出，施工管道内作业时，应按《城镇排水管道维护安全技术规程》（CJJ 6—2009）和《城镇排水管渠与泵站运行、维护技术规程》（CJJ 68—2016）执行，确保生产安全； 8. 检查落实，严格按工艺施工，做好各检测点的变形、位移测量和报警，完成后做到工完料清； 9. 热固性树脂含有有机溶剂类成分，所以在各工序操作中要绝对注意防止火源接近；用到易燃性物品时，应在现场设置灭火设备。另外还应注意的是，热固性树脂与固化剂等混合搅拌时，若不按要求操作可能会引起爆炸，因此，混合搅拌工序要专人负责，并在操作前进行安全操作技术培训热固性树脂、聚酯纤维毡等材料在贮存、搅拌、浸渍、运输过程中应远离明火； 10. 制定联络制度，并派专人负责与上、下游泵站进行水位协调。点位修复施工过程中，应派专人对上下游水位进行实时监控，防止由于大雨等原因管内水位上升可能发生的溢水等危险情况发生

5.3.2 非开挖修复施工中的环境保护

环境保护是保护和改善作业现场的环境，控制现场的各种粉尘、废水、废气、固体废弃物、噪声、振动等对环境的污染和危害。环境保护也是文明施工的重要内容之一。为了保护施工现场周边生活环境和生态环境，防止污染和其他公害，"以人为本"，保障人体健康，减少施工对市民生活的环境影响具有重要意义。

1. 施工现场空气污染的防治措施

（1）施工现场垃圾渣土要及时清理出现场。

（2）高大建筑物清理施工垃圾时，要使用封闭式的容器或者采取其他措施处理高空废弃物，严禁凌空随意抛撒。

（3）施工现场道路应指定专人定期洒水清扫，形成制度，防止道路扬尘。

（4）对于细颗粒散体材料（如水泥、粉煤灰、白灰等）的运输、储存要注意遮盖、密封，防止和减少飞扬。

（5）车辆开出工地要做到不带泥砂，基本做到不撒土、不扬尘，减少对周围环境污染。

（6）除设有符合规定的装置外，禁止在施工现场焚烧油毡、橡胶、塑料、皮革、枯草、各种包装物等废弃物品以及其他会产生有毒、有害烟尘和恶臭气体的物质。

（7）工地上使用的各类柴油、汽油机械执行相关污染物排放标准，不得使用气体排放超标的机械。

（8）机动车都要安装减少尾气排放的装置，确保符合国家标准。

（9）工地茶炉应尽量采用电热水器。若只能使用烧煤茶炉和锅炉时，应选用消烟除尘型茶炉和锅炉，大灶廊选用消烟节能回风炉灶，使烟尘降至允许排放范围为止。

（10）大城市市区的建设工程已不允许搅拌混凝土。在允许设置搅拌站的工地，应将搅拌站封闭严密，并在进料仓上方安装除尘装置，采用可靠措施控制工地粉尘污染。

2. 施工过程水污染的防治措施

（1）修理污水管，禁止污水临排到雨水管内。必须铺设临排管吊排到下游污水管内，或利用污水管网连通的条件倒逼排水并附设临泵强逼倒排。

（2）禁止将有毒废弃物作土方回填。

（3）施工现场搅拌站废水、未经处理的泥浆水，严禁直接排放入城市排水设施和河流，所有排水均要求达到国家排放标准。

（4）现场存放油料，必须对库房地面进行防渗处理。如采用防渗混凝土地面、铺油毡等措施。使用时，要采取防止油料跑、冒、滴、漏等措施，以免污染水体。

（5）施工现场 100 人以上的临时食堂，污水排放时可设置简易有效的隔油池，定期清理，防止污染。

（6）工地临时厕所、化粪池应采取防渗措施。中心城市施工现场的临时厕所可采用水冲式厕所，并有防蝇、灭蛆措施，防止污染水体和环境。

（7）化学用品，外加剂等要妥善保管，库内存放，防止污染环境。

3. 施工现场噪声的控制措施

噪声控制技术可从声源、传播途径、接收者防护等方面来考虑。

1）声源控制

从声源上降低噪声，这是防止噪声污染的最根本的措施。

（1）尽量采用低噪声设备和工艺代替高噪声设备与工艺，如低噪声振动器、风机、电动空压机、电锯等。

（2）在声源处安装消声，即在通风机、鼓风机、压缩机、燃气机、内燃机及各类排气防空装置等进出风管的适当位置设置消声器。

（3）空压机开控路面不得超过规定分贝。

2）传播途径的控制

（1）吸声：利用吸声材料（大多由多孔材料制成）或由吸声结构形成的共振结构（金属或木质薄板钻孔制成的空腔体）吸收声能，降低噪声。

（2）隔声：应用隔声结构，阻碍噪声向空间传播，将接收者与噪声声源分隔。隔声结构包括隔声室、隔声罩、隔声屏障、隔声墙等。

（3）消声：利用消声器阻止传播。允许气流通过的消声降噪是防治空气动力性噪声的主要装置。如对空气压缩机、内燃机产生的噪声等。

（4）减振降噪：对来自振动引起的噪声，通过降低机械振动减小噪声，如将阻尼材料涂在振动源上，或改变振动源与其他刚性结构的连接方式等。

3）接收者的防护

让处于噪声环境下的人员使用耳塞、耳罩等防护用品，减少相关人员在噪声环境中的暴露时间，以减轻噪声对人体的危害。

4）严格控制人为噪声

进入施工现场不得高声喊叫、无故敲打模板、乱吹哨，限制高音喇叭的使用，最大限度地减少噪声扰民。

5）控制强噪声作业的时间

凡在人口稠密区进行强噪声作业时，须严格控制作业时间，一般晚10点到次日早6点这段时间停止强噪声作业。确是特殊情况必须昼夜施工时，尽量采取降低噪声措施，并会同建设单位找当地居委会、村委会或当地居民协调，出安民告示，求得群众谅解。

4. 固体废物的处理

1）施工工地上常见的固体废物

（1）建筑渣土：包括砖瓦、碎石、渣土、混凝土碎块、废钢铁、碎玻璃、废屑、废弃装饰材料等。建筑垃圾要做到集中堆放。

（2）废弃的散装建筑材料包括散装水泥、石灰等。

（3）生活垃圾：包括厨房废物、丢弃食品、废纸、生活用具、玻璃、陶瓷碎片、废电池、废旧日用品、废塑料制品、煤灰渣、废交通工具等。生活垃圾设专门的垃圾桶，并加盖，按时清运。确保生活区，作业区保持整洁环境。

（4）设备、材料等的废弃包装材料。

（5）粪便。

2）固体废物的主要处理方法

（1）回收利用：回收利用是对固体废物进行资源化、减量化的重要手段之一。对建筑渣土可视情况加以利用。废钢可按需要用作金属原材料。对废电池等废弃物应分散回收，集中处理。

（2）减量化处理：减量化是对已经产生的固体废物进行分选、破碎、压实浓缩、脱水等减少其最终处置量，减低处理成本，减少对环境的污染。在减量化处理的过程中，也包括和其他处理技术相关的工艺方法，如焚烧、热解、堆肥等。

（3）焚烧技术：焚烧用于不适合再利用且不宜直接予以填埋处置的废物，尤其是对于受到病菌、病毒污染的物品，可以用焚烧进行无害化处理。焚烧处理应使用符合环境要求的处理装置，注意避免对大气的二次污染。

（4）稳定和固化的技术：利用水泥、沥青等胶结材料，将松散的废物包裹起来，减少废物的毒性和可迁移性，使得污染减少。

(5) 填埋：填埋是固体废物处理的最终技术，经过无害化、减量化处理的废物残渣集中到填埋场进行处置。填埋场应利用天然或人工屏障。尽量使需处置的废物与周围的生态环境隔离，并注意废物的稳定性和长期安全性。

5.3.3 排水管道非开挖修复案例

案例一：塌陷变形管道修复方案

1. 工程概况

现况：污水管线由于年久失修，管道内出现严重破损管段，造成管线堵塞，污水排放困难。为了确保管网设施正常运行，经上级排水单位同意，现对破损管道进行修复。破损管段长约 14m，管径 DN300mm。

首先对现况管线进行清理，待管道清理后，将采用破修—非开挖液压螺旋钻机推进分段拼接法对管道进行修复，新旧管道缝隙间采用注浆材料进行充实。每段拼接管道长度 50cm，管材采用 PE 管。

2. 主要工程量

高密度聚乙烯（PE）管（实壁）长 15m，管径 DN280mm；防酸碱密封圈 30 个。

3. 施工方法

1) 工程顺序：导流、封堵、拆堵→井室通风→管道推进→管口拼接→管道填充补浆→清理现场→竣工验收。

2) 主要施工方法

(1) 导流、封堵、拆堵。根据现场调查情况，由于现况污水井正在运行，水位较高，施工时需设泵进行导流，导流完成后，在上游管线进行封堵、围堰，待工作结束后，将所有围堰、封堵一并清理干净。

（2）井室通风。为了保证施工及人员安全，施工人员下井前需要对管线进行强制通风，在管道两端井口分别架设送风机和吸风机，保持管道内部送风通畅，并指派专人用空气检测仪不断进行有害气体检测，直到管道内有害气体达到安全值内方可进行井下作业。井下有毒有害气体超标的情况下，人员严禁下井作业。严禁人员在安全防护措施不到位的情况下冒险下井作业。当井内气体超标时，立即停止作业，加强通风，待气体检测合格后再下井作业。

（3）管道推进及管口拼接。

① 采用破修—管道接管井下修复技术，首先将每段 PE 管用精密数控车床加工为 50cm，将加工好的 PE 管在井室内采用液压推动钻机推入现况管道内。具体方法如下：2 号井上放置液压钻机一台并在井室内安装液压顶镐装置，将小型钻头推进 1 号井室内，每节钻杆长度为 50cm。

② 推入 1 号井室内后卸下小型钻头后换上与 PE 管大小相同的拉管钻头，同时在 1 号井钻杆推进上放置液压钻机一台并在井室内安装液压顶镐装置，将加工好的 PE 管推进的同时 2 号井用液压装置进行拽拉，以减少推进的阻力。

③ 推进的每段 PE 管接口处采用 2 套密封圈进行密封，密封圈与 PE 管采用胶水进行黏合，以防止管道内污水渗漏。

（4）管道填充补浆。由于现况管线已严重损坏，为了使新旧管线结为一体，将使用高压注浆泵向新建管道外注入水泥、粉煤灰浆液进行填充。注浆设备采用 1-1B 浓浆泵，浆液配比为：水泥∶石灰粉煤灰∶水＝1∶3∶15。管口两端采用速凝水泥进行密封。

案例二、雨水管道疏通方案

1. 工程概况

本工程主要是对 $\phi 2400$mm 污水管道进行清淤工作，长约900m。此污水管道是开发区内主要排污管道，但现状大部分检查井及管道内淤泥都已经塞满，污水无法正常排出，为保证排污顺利通畅，需对排污管道进行疏通、清理。

2. 施工准备

（1）揭开井盖使大气中的氧气进入检查井中或用鼓风机进行换气通风；了解污水井管道使用年限，使用情况，堵塞情况，埋入和露出建筑物部分有无损坏等问题。

（2）测量人员根据图纸上的检查井施工所在的位置进行测量摸底工作。通过专业测量人员对现状污水井内淤泥高程、管径、管道走向进行测量摸底，与图纸和设计资料进行复查、核对，使测量摸底的数据准确无误。

（3）根据施工进度计划安排，施工前对施工机具已安排到位并且对机械设备做好了检查、维修和必要的保养工作，确保施工设备的正常使用。

（4）抓好安全文明施工工作。施工前已制作了大小围挡，定做了施工安全帽、工作服、安全条幅等安全施工用品。

（5）施工期间成立安全文明施工队伍清扫泥浆、车辆沾带的泥土，围挡加固，保证市容及周围环境干净，保证做好交通组织宣传工作。

（6）施工前，对现场管理人员、机械设备驾驶人员、现场施工人员进行专门组织技术培训、安全培训及施工技术交底，学习本工作范围内的相关知识，明确职责。

3. 施工工艺

工序流程解释：

（1）降水、排水。

使用泥浆泵将检查井内污水排出至井底淤泥。将需要疏通的管线进行分段，分段的办法根据管径与长度分配，相同管径两检查井之间为一段。

（2）稀释淤泥。

高压水车通过分段的两检查井向井室内灌水，使用疏通器搅拌检查井和污水管道内的污泥，使淤泥稀释；人工要配合机械不断地搅动淤泥直至淤泥稀释到水中。

（3）吸污。

用吸污车将两检查井内淤泥抽吸干净。两检查井若剩余少量的淤泥，则向井室内用高压水枪冲击井底淤泥，然后一次进行稀释，再进行抽吸完毕。

（4）截污。

设置堵口将自上而下的第一个工作段处用封堵把井室进水管道口堵死，然后将下游检查井出水口和其他管线通口堵死，只留下该段管道的进水口和出水口。

（5）高压清洗车疏通。

使用高压清洗车进行管道疏通，将高压清洗车水带伸入上游检查井底部，把喷水口向着管道流水方向对准管道进行喷水，污水管道下游检查井继续对室内淤泥进行吸污。

（6）通风。

施工人员进入检查井前，井室内必须使大气中的氧气进入检查井中或用鼓风机进行换气通风，测量井室内氧气的含量。施工人员进入井内必须佩戴安全带、防毒面具及氧气罐。

（7）清淤。

在下井施工前对施工人员安全措施安排完毕后，对检查井内剩余的砖、石、部分淤泥等残留物进行人工清理，直到清理完毕为止。首先按照上述说明对下游污水检查井逐个进行清淤，然后，在施工清淤期间对上游清理的检查井进行封堵，以防上游的淤泥流入管道或下游施工期间对管道进行充水时流入上游检查井和管道中。

4. 施工步骤

（1）进入施工现场后，避开路口先在两头设置警示牌，沿线摆放警示桩，用小彩旗连接各警示桩，然后对施工现场做好安全防护，并由专人看管疏导交通。

（2）选择好位置将设备整齐有序排放，打开各检查井进行通风 $30 \sim 50$min，打捞各检查井中的漂浮物及垃圾，直接装车。

（3）检查井安鼓风机通风，让空气循环，然后安水泵降水，为了防止污水中的漂浮物吸进泵内，降低排水量，在水泵进水口绑铁丝网，以阻止进入，在控制住检查井内污水水位的情况下继续通风。

（4）下井清淤：红绳一头系好快速卡扣，用来应急备用，不能随便拿用，白绳用来下井作业人员系安全带，黄绳用来提淤泥，每个检查井配备 5 人，各有编号及安全责任分工 1 号、2 号、3 号、4 号、5 号。1 号：组长，负责现场交通安全，警示牌、警示桩、小彩旗、晚上闪光灯的布置及维护。2 号：井口安全员，负责检查井不间断送风，通风后，人下井以前，把有害气体探测仪用绳系好，放到井底 10min 后，提上来看各种有害气体的数值（$CO/H_2S/CH_4$ 等），达不到要求绝不能下井；负责井口周围人员、下井人员配备安全装置是否达到要求，达不到要求的坚决不能下井；下井人员如有不良反应，由 1 号及时拨打电话 120、110、119 等求助。3 号：负责调整设备、工具使用以及检查井、管道内清理出淤泥垃圾的装车处理。4 号：负责与井下人员随时保持联系，并把井内淤泥垃圾用绳系桶或装编织袋，提到井口上面，由 3 号装车；30min 后换号下井。5 号：负责下井，下井前确认自身安全带、安全绳的质量完好；有害气体探测仪的数值无误；氧气袋氧气充足畅通；下井后负责把检查井及管道内垃圾淤泥清理干净，保证管道畅通。

（5）不间断通风，清理好检查井，用高压疏通车对管道进行冲洗，然后用竹片或穿线器将两个井连通，再将绳系在竹片或穿线器的一端，将绳带过去，在绳的一头系上托泥板，托泥板的另一边也系一根长绳（大于两检查井子间的距离），托泥板先用小的，最后一步一步用大的把管道内淤泥拖出，将淤泥拖到井口上面，用车外运走。

（6）对管道清淤完毕，用高压疏通车对管道进行冲洗。

以上步骤自下游向上游依次施工到终点，清理现场验收后拆除封堵器撤场。

案例三、开挖修复污水管方案

1. 工程概况

本工程主要是某施工单位挖机的不恰当作业，将 $\phi500$mm 钢筋混凝土管挖爆，采用钢制维修夹进行抢修。

2. 钢制维修夹的制作

钢制维修夹采取了对夹式结构，主要由钢板、钢筋这两大部分组成，材料上选用 12mm 厚的 A3 钢板，T42 焊条焊接，并做了内外防腐。其工作原理是用焊接形式构成新的密封层，利用钢板密闭腔包住泄漏处，通过连接处的钢筋及油麻、石棉水泥打口对管道破损处实施封堵，密封性能好。

3. 施工准备

施工准备包括：熟识图纸，熟悉管网示意图流程，做好技术交底，确定施工部署，组织材料、机械设备进场，进行配合比和原材料进场检验等。

4. 钢制维修夹的安装步骤

①确定漏水点；②开挖工作坑；③安装钢制卡子；④固定钢制维修夹；⑤安装钢制维修夹并做好外防腐；⑥石棉水泥打口；⑦覆土回填夯实。

5. 施工工序

1）管坑开挖

（1）开挖前，要探明地下管线位置、埋深，具体先用人工开挖探明地下管线并做明显的标志，同时对全部作业人员交底。

（2）管坑开挖采用挖掘机倒退挖土、单边弃土方式。

（3）基底留 20cm 采用人工修平，防止机械超挖扰动土层结构。

2）挖土注意事项

（1）槽内施工人员必须戴安全帽，施工现场禁止穿拖鞋、高跟鞋或赤脚。

（2）挖土时须从上到下分层开挖，做好排水、降水措施，确保施工安全。

3）钢制维修夹的安装

（1）钢制维修夹与管外壁结合处填料应采用水泥强度等级为 42.5 的水泥、机选 4F 级温石棉。

（2）油麻应采用纤维较长、无皮质、清洁、松软、富有韧性的油麻。

油麻辫填打深度约占钢制卡子留口深度的 1/3，石棉水泥填打深度约占钢制卡子留口深度的 2/3，表面平整一致，凹入端面 2mm。

（3）石棉水泥应在填打前拌和，石棉水泥的质量配合比应为石棉 30%，水泥 70%，水灰比宜小于或等于 0.20，拌好的石棉水泥在初凝前用完，填打后的接口应及时潮湿养护。

（4）当地下水对水泥有侵蚀作用时，应在接口表面涂防腐层。

（5）钢制卡子内防腐及外防腐采用环氧煤沥青涂料，做法详见《给水排水管道工程施工及验收规范》（GB 50268—2008）。

4）回填工程

（1）管沟回填砂至管顶 30cm，并冲水夯实，回填时掌握好最佳含水量，当天回填，当天压实，以免造成含水量过大影响回填质量。

（2）回填密实度按路基规范要求。

第6章 雨水设施养护与维修

6.1 雨水养护的概述

6.1.1 雨水管渠养护的定义

市政雨水管道与市政雨水沟渠并称为雨水管渠，它们在城市基础设施建设中占有十分重要的地位。在城市排水管网系统中，市政排水管渠、流（湖泊）及城市相关河等其他水利管渠系统分别是重要的组成部分。因此雨水管渠与污水排水管网一道，每天要进行不断的工业、生活、降水的收集和排送，保证管道的畅通既是生活的必需要求，也是保卫我们的城市免受城市污水的污染。

6.1.2 雨水管渠养护的模式

长期以来都是由政府部门及其下属单位承担道路养护任务，随着市场经济体制的建立和深化，传统的"事企一体、管养一体"的管理模式不能适应形势发展的需要，各地都进行了改革，总结梳理各地市政设施管理养护体制改革，主要都是围绕"综合化、属地化和市场化"方向进行，实现养护管理与生产的分离、建设公平竞争、规范有序的养护市场是道路养护模式改革发展的方向。例如："多位一体"的管养模式，将管养项目分为设备、设施两类，并将设备类中的"系统运行、设备维护、检验检测、智能管理"四类合为一体，将设施类中的"市政、亮灯、绿化、环卫"四类合为一体，通过市公共资源交易平台，招标引进专业养护企业，实行市场化管养，提高整体管养水平。通过鼓励私营企业、民营资本与政府合作，参与公共基础设施的建设，达到共赢目的。

6.1.3 雨水管渠养护市场化的意义

城市雨水管渠养护管理市场化既需要开放资本市场、作业主场、经营市场，又要调整原有的市政管理部门的管理体制、机制，形成全新的管理、运行新格局。一是推进管养分离。这是推进养护作业市场化的前提条件，将行业管理和维护作业分开，合理界定管理和养护职能，管理单位负责行业管理，维护单位负责设施养护，从而改变传统的"裁判员和运动员一体"模式。二是提高资金投入。长期以来市政设施维护定额标准较低，为适应市场竞争的要求，也是确保设施维护得到有效合理的投入，需要按照市场定价机制科学合理确定维护标准，保障资金投入。三是培育市场体系。努力营造一个公平公正公开、科学合理高效的市场体系。四是加强政府监管。市政设施作为城市生产和生活的重要基础条件，在实施市场化之后，政府部门要强化监管职能，制定相应的检查考核标准，严格奖惩，确保管养水平。五是严格招、投标原则，完善招、投标管理。道路养护招标必须坚持公开、公正、公平、合理的原则，遵循市场运作规则，维护招标当事人的合法权益，保障招、投标的科学性和公正性。

6.1.4 城市雨水管渠养护传统模式与市场化模式的比较

城市雨水管渠养护的传统模式与市场化模式见表6-1。

表6-1 传统管理模式与市场化管理模式

项目	传统管理模式	市场化管理模式
人员和设备	设置有养护人员和操作人员及管理人员	只设管理人员，不设自己的养护队伍
	负责整个区的人员工资、闲暇消费	不负担闲置人员和设备费用
	负担养护机构的全部费用（包括医疗、养老、工伤等）	仅负责项目造价费用
	负责设备的购置、维修和保养	只负担设备的使用费
	由于自己施工，需要自身配置养护机械设备	只进行管理，不需要配置机械设备
	机械的利用率不高，间接增加台班单价	具备设备（或能够租赁到设备）的单位才能承接到项目，降低了台班费用
效率和积极性	管理模式缺乏活力，养护效率低，人员积极性差	养护人员积极性强，养护效率高
	养护经费计划性差	养护经费专款专用
效益	所有工程均由自己养护实施，专业性差，管理层次多，养护质量和水平都较低	由市场竞争机制选择专业的养护公司，减低工程成本，提高了养护的质量和管理水平
	机构臃肿，单位有较多闲置人员，机械设备的利用率也不高，效率低下	养护企业根据市场的需求进行专业化分工及人员和设备的配备，企业资源能够得到充分的利用，社会效益高
风险	管理养护单位承担全部风险	承包养护的公司承担养护过程中的大部分风险

6.1.5 雨水管渠养护的方法

目前，雨水管渠的养护工作主要包含日常巡检和疏通两个方面的内容，对于雨水管网的日常巡检工作来说，主要包括井盖情况、设施运行状况、管线周边是否有对管线影响和破坏的行为，并通过日常巡查解决一些普遍问题、确保设施安全和提高养护效率。此外，还需要对一些关键井定期打开查看，对问题多发区要长期观察，对普通地区要进行抽查。并对重要管渠、隐患地区加大巡查力度，对次要管渠要保持巡查质量，对普通管渠要保证巡查到位。这样对于巡查大量管渠来说既节省了巡查时间，也减轻了巡查工作量，但巡查效果反而大大加强，得到的信息更加及时与准确。

对于雨水管渠的疏通工作来说，做好疏通工作，才能确保管网运行不受阻碍。如果管渠中杂物等的沉积过多，会对管渠通水能力产生影响，进而发生堵塞。雨水管网堵塞疏通通常发生在管道上游位置，需要进行重点疏通，确保管道通畅。

6.2 雨水管渠养护的质量管理

面对当前我国城市排水设施管理存在诸多问题的情况，应当通过采用性质有效的对策来实现科学化的城市排水设施养护管理，科学化、合理化、规范化的规划、监督、控制城市排水设施，必然会提高排水设施的利用率，提高城市排水水平和能力。

6.2.1　雨水管渠养护管理对策

雨水管渠养护要做到防患于未然，实现科学化排水设施养护管理，就需要将工作的重点落实到"养护"上。因此提高排水设施养护认识尤为重要，将养护管理等同于技术管理，通过对城市排水设施的维修来提高排水设施的能力。要提高排水能力，就要从人员、技术、安全三个方面对城市排水设施进行养护。在人员方面，要求建立专业的管理团队，从专业的角度来监督和控制排水设施；在安全方面，要求遵循"安全第一"的原则，对排水设施进行全面的检查，查找设施存在的安全隐患，并对其进行有效的处理，提高设施安全性；在技术方面，要求不断更新技术，将先进技术引入排水设施维修和维护中，为提高排水设施性能创造条件。

通过对排水养护管理的完善，可以从真正意义上提高养护管理水平，更加科学有效的监督和控制排水设施，促进排水设施有效应用。对城市排水设施养护管理的完善，应当从细化管网调查和制定科学的作业流程这两个方面入手。管网调查是掌握管道运行状况的重要手段，对其进行细化处理，可以提高管网调查的真实性、有效性，为更加准确地掌握管道运行状况创造条件。细化管网调查的方法是加强日常管线巡查、定期对管网进行普查、CCTV检测、声呐探测等。通过一系列的调查手段，可以真实、准确地记录检测，得到准确的检测结果，为养护排水设施提供基础依据。养护管理的有效落实，按照规范、科学的作业流程，有步骤地落实，这样才能够对排水设施各方面进行监督和控制，提高排水设施养护效果，促使排水设施能力提高。

6.2.2 雨水管渠日常巡查、日常养护以及日常维修的对策

1. 雨水管渠的日常巡查

雨水管渠应定期巡视，巡视内容应包括污水冒溢、晴天雨水口积水、井盖和雨水箅缺损、管道塌陷、违章占压、违章排放、私自接管以及影响管道排水的工程施工等情况。管道、检查井和雨水口内不得留有石块等阻碍排水的杂物，其允许积泥深度应符合表 6-2 的规定。

表 6-2 雨水管渠允许积泥深度

设施类别		允许积泥深度
管道		管径的 1/5
检查井	有沉泥槽	管底以下 50mm
	无沉泥槽	主管径的 1/5
雨水口	有沉泥槽	管底以下 50mm
	无沉泥槽	管底以上 50mm

排水管理部门应制定本地区的雨水管渠养护质量检查办法，并定期对雨水管渠的运行状况等进行抽查，养护质量检查不应少于 3 个月一次。

2. 检查井的日常巡视检查

检查井日常巡视检查的内容应符合表 6-3 的规定。

表 6-3 检查井日常巡视检查

部位	外部巡视	内部检查
内容	井盖埋设	链条或锁具
	井盖丢失	爬梯松动、锈蚀或缺损
	井盖破损	井壁泥垢

续表

部位	外部巡视	内部检查
内容	井框破损	井壁裂缝
	盖、框间隙	井壁渗漏
	盖、框高差	抹面脱落
	盖框突出或凹陷	管口孔洞
内容	跳动和声响	流槽破损
	周边路面破损	井底积泥
	井盖标识错误	水流不畅
	其他	浮渣

检查井盖和雨水箅的维护应符合表 6-4 的规定。

表 6-4　井盖和雨水箅的选用

井盖种类	标准名称	标准编号
铸铁井盖	《铸铁检查井盖》	CJ/T 511—2017
混凝土井盖	《钢纤维混凝土检查井盖》	JC 889—2001
塑料树脂类井盖	《再生树脂复合材料检查井盖》	CJ/T 121—2000
塑料树脂类水箅	《再生树脂复合材料水箅》	CJ/T 130—2001

在车辆经过时，井盖不应出现跳动和声响。井盖与井框间的允许误差应符合表 6-5 的规定（单位为 mm）。

表 6-5　井盖间隙允许值

设施种类	盖框间隙	井盖与井框高差	井框与路面高差
检查井	<8	+5，−10	+15，−15
雨水口	<8	0，−10	0，−15

当发现井盖缺失或损坏后，必须及时安放护栏和警示标志，并应在 8h 内恢复。

3. 雨水口的日常巡视检查

雨水口的维护应符合表 6-6 的规定。

表 6-6   雨水口日常检查内容

部位	外部检查	内部检查
	雨水箅丢失	铰或链条损坏
	雨水箅破损	裂缝或渗漏
	雨水口框破损	抹面剥落
	盖、框间隙	积泥或杂物
内容	盖、框高差	水流受阻
	孔眼堵塞	私接连管
	雨水口框突出	井体倾斜
	异臭	连管异常
	其他	蚊蝇

注：雨水箅更换后的过水断面不得小于原设计标准。

检查井、雨水口的清掏宜采用吸泥车、抓泥车等机械设备。管道疏通宜采用推杆疏通、转杆疏通、射水疏通、绞车疏通、水力疏通或人工铲挖等方法，各种疏通方法的适用范围宜符合表 6-7 的要求。

表 6-7   疏通方式的使用范围

疏通方法	小型管	中型管	大型管	特大型管	倒虹管	压力管	盖板沟
推杆疏通	√	—	—	—	—	—	—
转杆疏通	√	—	—	—	—	—	—
射水疏通	√	√	—	—	√	—	√
绞车疏通	√	√	√	—	√	—	√
水力疏通	√	√	√	√	√	√	√
人工铲挖	—	—	√	√	—	—	√

注：表中"√"表示适用，"—"表示不适用。

4. 雨水设施的日常养护

1）倒虹管的养护规定

倒虹管养护宜采用水力冲洗的方法，冲洗流速不宜小于 2m/s。在建有双排倒虹管的地方，可采用关闭其中一条，集中水量冲洗另一条的方法。过河倒虹管的河床覆土不应小于 0.5m。在河床受冲刷的地方，应每年检查一次倒虹管的覆土状况。在通航河道上设置的倒虹管保护标志应定期检查和油漆，保持结构完好和字迹清晰。对过河倒虹管进行检修前，当需要抽空管道时，必须先进行抗浮验算。

2）压力管养护规定

定期巡视，及时发现并维修渗漏、冒溢等情况。同时压力管养护应采用满负荷开泵的方式进行水力冲洗，至少每 3 个月一次。定期清除透气井内的浮渣；定期开盖检查压力井盖板，发现盖板锈蚀、密封垫老化、井体裂缝、管内积泥等情况应及时维修和保养。保持排气阀、压力井、透气井等附属设施的完好有效。

3）盖板沟的维护规定

保持盖板不翘动、无缺损、无断裂、不露筋、接缝紧密；无覆土的盖板沟其相邻盖板之间的高差不应大于 15mm。同时盖板沟的积泥深度不应超过设计水深的 1/5。

4）潮门维护规定

潮门应保持闭合紧密，启闭灵活；吊臂、吊环、螺栓无缺损；潮门前无积泥、无杂物。汛期潮门检查每月不应少于一次；拷铲、油漆、注油润滑、更换零件等重点保养应每年一次。

5）岸边式排放口的维护规定

（1）定期巡视，及时维护，发现和制止在排放口附近堆物、搭建、倾倒垃圾等情况；排放口挡墙、护坡及跌水消能设备应保持结构完好，发现裂缝、倾斜等损坏现象应及时维修。

（2）对埋深低于河滩的排放口，应在每年枯水期进行疏浚；当排放口管底高于河滩 1m 以上时，应根据冲刷情况采取阶梯跌水等消能措施。

6）江心式排放口的维护规定

排放口周围水域不得进行拉网捕鱼、船只抛锚或工程作业；同时排放口标志牌应定期检查和油漆，保持结构完好，字迹清晰。江心式排放口宜采用潜水的方法，对河床变化、管道淤塞、构件腐蚀和水下生物附着等情况进行检查；同时应定期采用满负荷开泵的方法进行水力冲洗，保持排放管和喷射口的畅通，每年冲洗的次数不应少于 2 次。

6.2.3　雨水管道的检查

（1）雨水管道检查可分为管道状况普查、移交接管检查和应急事故检查等。

（2）管道缺陷在管段中的位置应采用该缺陷点离起始井之间的距离来描述；缺陷在管道圆周的位置应采用时钟表示法来描述。

（3）管道检查项目可分为功能状况和结构状况两类，主要检查项目应包括表 6-8 内容。

表6-8　管道检查主要检查项目

检查类别	功能状况	结构状况
检查项目	管道积泥	裂缝
	检查井积泥	变形
	雨水口积泥	腐蚀
	排放口积泥	错口

续表

检查类别	功能状况	结构状况
检查项目	泥垢和油脂	脱节
	树根	破损与孔洞
	水位和水流	渗漏
	残墙、坝根	异管穿入

注：表中的积泥包括泥沙、碎砖石、固结的水泥浆及其他异物。

（4）以功能性状况为目的普查周期宜采用1～2年一次；以结构性状况为主要目的的普查周期宜采用5～10年一次。流沙易发地区的管道、管龄30年以上的管道、施工质量差的管道和重要管道的普查周期可相应缩短。

（5）移交接管检查的主要项目应包括渗漏、错口、积水、泥沙、碎砖石、固结的水泥浆、未拆清的残墙、坝根等。

（6）应急事故检查的主要项目应包括渗漏、裂缝、变形、错口、积水等。

（7）管道检查可采用人员进入管内检查、反光镜检查、电视检查、声呐检查、潜水检查或水力坡降检查等方法。各种检查方法的适用范围宜符合表6-9的要求。

表6-9　管道检查方法的适用范围

检查方法	中小型管道	大型以上管道	倒虹管	检查井
人员进入管内检查	—	√	√	√
反光镜检查	√	√	√	√
电视检查	√	√	√	—
声呐检查	√	√	√	—
潜水检查	—	√	√	√
水力坡降检查	√	√	√	—

注："√"表示适用，"—"表示不适用。

（8）对人员进入管内检查的管道，其直径不得小于800mm，流速不得大于0.5m/s，水深不大于0.5m。人员进入管内检查宜采用摄影或摄像的记录方式；以结构状况为目的的电视检查，在检查前应采用高压射水将管壁清洗干净。采用声呐检查时，管内水深不宜小于300mm；采用潜水检查的管道，其管径不得小于1200mm，流速不得大于0.5m/s。

（9）从事管道潜水检查作业的单位和潜水员必须具有特种作业资质；潜水员发现情况后，应及时用对讲机向地面报告，并由地面记录员当场记录。

（10）水力坡降检查应符合以下规定：

① 水力坡降检查前，应查明管道的管径、管底高程、地面高程和检查井之间的距离等基础资料。

② 水力坡降检测应选择在低水位时进行。泵站抽水范围内的管道，也可从开泵前的静止水位开始，分别测出开泵后不同时间水力坡降线的变化；同一条水力坡降线的各个测点必须在同一个时间测得。同时测量结果应绘成水力坡降图，坡降图的竖向比例应大于横向比例。（水力坡降图中应包括地面坡降线、管底坡降线、管顶坡降线以及一条或数条不同时间的水面坡降线）

6.2.4 雨水管道维修

（1）重力流排水管道严禁采用上跨障碍物的敷设方式。

（2）污水管、合流管和位于地下水位以下的雨水管应选用柔性接口的管道。

（3）管道开挖维修应符合现行国家标准《给水排水管道工程施工及验收规范》（GB 50268—2008）的规定。

（4）封堵管道必须经排水管理部门批准；封堵前应做好临

时排水措施。同时封堵管道应先封上游管口，再封下游管口；拆除封堵时，应先拆下游管堵，再拆上游管堵。封堵管道可采用充气管塞、机械管塞、木塞、止水板、黏土麻袋或墙体等方式。选用封堵方法应符合表6-10要求。

表6-10　管道封堵的方法

封堵方法	小型管	中型管	大型管	特大型管
充气管塞	√	√	√	—
机械管塞	√	—	—	—
止水板	√	√	√	√
木塞	√	—	—	—
黏土麻袋	√	—	—	—
墙体	√	√	√	√

注：表中"√"表示适用，"—"表示不适用。

（5）使用充气管塞封堵管道应符合以下规定：

① 必须使用合格的充气管塞。

② 安放管塞的部位不得留有石子等杂物，同时管塞所承受的水压不得大于该管塞的最大允许压力，应按规定的压力充气。

③ 在使用期间必须有专人每天检查气压状况，发现低于规定气压时必须及时补气，并按规定做好防滑动支撑措施。

④ 拆除管塞时应缓慢放气，并在下游安放拦截设备，放气时，井下操作人员不得在井内停留。

（6）已变形的管道不得采用机械管塞或木塞封堵及带流槽的管道不得采用止水板封堵。

（7）采用墙体封堵管道应符合以下规定：

① 根据水压和管径选择墙体的安全厚度，必要时应加设支撑。

② 在流水的管道中封堵时，宜在墙体中预埋一个或多个小口径短管，用于维持流水，当墙体达到使用强度后，再将预留孔封堵。个别大管径、深水位管道的墙体封拆，可采用潜水作业。

③ 拆除墙体前，应先拆除预埋短管内的管堵，放水降低上游水位；放水过程中人员不得在井内停留，待水流正常后方可开始拆除。同时墙体必须彻底拆除，并清理干净。

(8) 支管接入主管应符合以下规定：

① 支管应在接入检查井后与主管连通，同时检查井凿孔与管头之间的空隙必须采用水泥砂浆填实，并内外抹光；

② 雨水管或合流管的接户井底部宜设置沉泥槽。（当支管管底低于主管管顶高度时，其水流的转角不应小于 90°）

(9) 井框升降应符合以下规定：

① 用于井框升降的衬垫材料，在机动车道下应采用强度等级为 C25 及以上的现浇或预制混凝土；

② 井框与路面的高差应符合《铸铁检查井盖》（GJ/T 511—2017）或《细纤维混凝土检查井盖》（GB 26537—2011）等相关技术标准的有关规定；

③ 井壁内的升高部分应采用水泥砂浆抹平。在井框升降后的养护期间内，应采用施工围栏保护和警示。

(10) 旧管上加井应符合下列规定：

① 当接入支管的管底低于旧管管顶高度时，加井应按新砌检查井的标准砌筑；当接入支管的管底高于旧管管顶高度时，可采用骑管井的方式在不断水的情况下加建新井。

② 骑管井的荷载不得全部落在旧管上，骑管井的混凝土基础应低于主管的半管高度，靠近旧管上半圆的墙体应砌成拱形。在旧管上凿孔应采用机械切割或钻孔，不得损伤管道结构，不得将水泥碎块遗留在管内。

（11）排水管道非开挖维修可采用下列方法：

① 个别接口损坏的管道可采用局部维修；出现中等以上腐蚀或裂缝的管道应采用整体维修。强度已削弱的管道，在选择整体维修时应采用自立内衬管设计。

② 选用非开挖维修方法应符合表 6-11 的要求。

表 6-11　非开挖维修方法要求

维修方法		小型管	中型管	大型管及以上	检查井
局部维修	钻孔注浆	—	—	√	√
	嵌补法	—	—	√	√
	套环法	—	—	√	—
	局部内衬	—	—	√	√
整体维修	现场固化内衬	√	√	√	—
	螺旋管内衬	√	√	√	—
	短管内衬	√	√	√	—
	拉管内衬	√	√		—
	涂层内衬	—	—	√	√

注：表中"√"表示适用，"—"表示不适用。

（12）主管的废除和迁移必须经排水管理部门批准。除原位翻建的工程外，旧管道应在所有支管都已接入新管后方可废除；被废除的排水管宜拆除；对不能拆除的，应作填实处理；检查井或雨水口废除后，应作填实处理，并应拆除井框等上部结构；旧管废除后应及时修改管道图，调整设施量。

6.2.5　明渠维护

（1）明渠应定期巡视，当发现下列行为之一时，应及时制止：

① 向明渠内倾倒垃圾、粪便、残土、废渣等废弃物；圈

占明渠或在明渠控制范围内修建各种建（构）筑物；在明渠控制范围内挖洞、取土、采砂、打井、开沟、种植及堆放物件。

② 擅自向明渠内接入排水管，在明渠内筑坝截水、安泵抽水、私自建闸、架桥或架设跨渠管线；向雨水渠中排放污水。

（2）明渠的检查与维护应符合以下规定：

① 定期打捞水面漂浮物，保持水面整洁；及时清理落入渠内阻碍明渠排水的障碍物，保持水流畅通；定期整修土渠边坡，保持线形顺直，边坡整齐。定期检查块石渠岸的护坡、挡土墙和压顶；发现裂缝、沉陷、倾斜、缺损、风化、勾缝脱落等应及时维修；定期检查块石渠岸的护坡、挡土墙和压顶；发现裂缝、沉陷、倾斜、缺损、风化、勾缝脱落等应及时维修。

② 每年枯水期应对明渠进行一次淤积情况检查，明渠的最大积泥深度不应超过设计水深的 1/5；明渠清淤深度不得低于护岸坡脚顶面；明渠宜每隔一定距离设清淤运输坡道。

（3）明渠的废除应符合以下规定：

明渠的废除必须经排水管理部门批准，废除的构筑物应及时拆除。

6.2.6　污泥运输与处置

（1）污泥运输应符合以下规定：

① 通沟污泥可采用罐车、自卸卡车或污泥拖斗运输。

② 可采用水陆联运；在运输过程中，应做到污泥不落地、沿途无洒落。

③ 污泥运输车辆应加盖，并应定期清洗保持整洁。在长

距离运输前，污泥宜进行脱水处理，脱水过程可在中转站进行或送污水处理厂处理。

（2）污泥盛器和车辆在街道上停放时，应设置安全标志，夜间应悬挂警示灯。疏通作业完毕后，应及时撤离现场。

（3）污泥处置应符合以下规定：在送处置场前，污泥应进行脱水处理；污泥处置不得对环境造成污染。

6.3 雨水管道养护的质量控制

6.3.1 雨水管道的日常养护方面的质量控制

市政雨水管道的养护维修应符合下列规定：

（1）雨水管应保持畅通、完好。

（2）雨水管应进行定期清淤，管内淤泥深度不得超过以下要求：管径≥1000mm，不超过 20mm；管径≥500mm，不超过 100mm；管径<500mm，不超过 50mm。

（3）检查井井壁互相垂直，发现沉陷或崩坏，立即进行修复。及时清除井底浮泥，积砂及其他杂物，以防井底淤泥。井圈和井盖开裂以及井墙塌帮应及时修补，井圈和井盖断裂或操作严重及时更换，如有丢失立即补装完好。

（4）雨水管的维修质量标准应符合有关规定。

6.3.2 雨水管道的现场质量控制

1. 现场的质量控制

（1）开挖沟槽以及沟槽开挖的方法：开挖前先放出沟槽边线，打好钢板桩后采用反铲挖掘机开挖，开挖到 1m 左右要对钢板桩进行有效的支护和支撑加固；

（2）机械开挖应严格控制标高，为防止超挖或扰动槽底面，槽底留 0.2～0.3m 厚的土层，同时沟槽开挖应进行分层：开挖深度小于 5m，不分层开挖；开挖深度较大（＞5m）时，采用分层开挖；

（3）沟槽边缘堆土：沟槽开挖时，弃土堆在沟槽边，距槽边的距离不小于 2m，弃土尽量堆在槽的一侧。除回填土外多余土必须外运到指定地点。沟槽堆土以不影响建筑物、各种管线测量标志和其他设施的安全和正常使用。

2. 管材的质量控制

1）常见质量问题

管材质量差，存在裂缝或局部混凝土疏松，抗压、抗渗能力差，容易被压破或产生渗水。管径尺寸偏差大，安管容易错口。

2）质量控制措施

重视管材产品资料的检查。要求施工单位选用正规厂家生产的管材，并且检查管材的出厂合格证及送检力学试验报告等资料是否齐全。

重视管材外观的检查。管材进场后，材料员应对管材外观进行检查，管材不得有破损、脱皮、蜂窝露骨、裂纹等现象，对外观检查不合格的管材不得使用。

加强管材的保护。应要求生产厂家在管材运输、安装过程中加强对管材的保护。

3. 测量放线的质量控制

1）常见质量问题

测量差错或意外地避让原有构筑物，使管道在平面上产生位置偏移，在立面上坡度不顺。

2）质量控制措施

对放线要进行复测。测量员定出管道中心线及检查井位置后，要进行复测，其误差符合规范要求后才能允许进行下一步施工。

多沟通联系。施工中如意外遇到构筑物须避让时，应要求监理单位和设计单位协商，在适当的位置增设连接井，其间以直线连通，连接井转角应大于135°。

4. 沟槽开挖的质量控制

1）常见质量问题

在沟槽开挖过程中经常会出现边坡塌方、槽底泡水、槽底超挖、沟槽断面不符合要求等一些质量问题。

2）质量控制措施

防止边坡塌方：根据土壤类别、土的力学性质确定适当的槽帮坡度。实施支撑的直槽槽帮坡度一般采用1：0.05。对于较深的沟槽，宜分层开挖。挖槽土方应妥善安排堆放位置，一般情况堆在沟槽两侧。堆土下坡脚与槽边的距离根据槽深、土质、槽边坡来确定，其最小距离应为1.0m。

沟槽断面的控制：确定合理的开槽断面和槽底宽度。开槽断面由槽底宽、挖深、槽底、各层边坡坡度以及层间留台宽度等因素确定。槽底宽度，应为管道结构宽度加两侧工作宽度。因此，确定开挖断面时，要考虑生产安全和工程质量，做到开槽断面合理。

防止槽底泡水：雨期施工时，应在沟槽四周叠筑闭合的土埂，必要时要在埂外开挖排水沟，防止雨水流入槽内。在地下水位以下或有浅层滞水地段挖槽，应要求施工单位设排水沟、集水井，用水泵进行抽水。沟槽见底后应随即进行下一道工序；否则，槽底应留20cm土层不挖作为保护层。

防止槽底超挖：在挖槽时应跟踪并对槽底高程进行测量检验。世纪星介绍使用机械挖槽时，在设计槽底高程以上预留20cm 土层，待人工清挖。如遇超挖，应采取以下措施：用碎石（或卵石）填到设计高程，或填土夯实，其密实度不低于原天然地基密实度。

5. 管道 CCTV 检测中的质量控制要点

1）降水、排水

使用泥浆泵以及人工疏挖结合的方式将检查井内淤泥清理干净，将需要疏通的管线进行分段，分段的办法，根据管径与长度分配，相同管径两检查井之间为一段。

2）稀释淤泥

高压水车把分段的两检查井向井室内灌水，使用疏通器搅拌检查井和市政雨水管道内的污泥，使淤泥稀释；人工要配合机械不断地搅动淤泥直至淤泥稀释到水中。

3）吸污

用吸污车将两检查井内淤泥抽吸干净，两检查井剩余少量的淤泥向井室内用高压水枪冲击井底淤泥，再一次进行稀释，然后进行抽吸完毕（图 6-1）。

图 6-1　吸污车

4）截污

设置堵口将自上而下的第一个工作段处用封堵把井室进水管道口堵死，然后将下游检查井出水口和其他管线通口堵死，只留下该段管道的进水口和出水口。

5）高压清洗车疏通

使用高压清洗车进行管道疏通，将高压清洗车水带伸入上游检查井底部，把喷水口向着管道流水方向对准管道进行喷水，市政雨水管道下游检查井继续对室内淤泥进行吸污（图6-2）。

图6-2　下游检查井吸污

6）通风

为确保下井作业安全以及管道内窥录像的清晰，必要时需对管道进行通风。方法为打开疏通段上下游井盖，运用轴流风机一头吹，一头吸，对疏通段进行全面通风，打开井盖时必须专人看管，人员离开时应把井盖盖回。

7）检测

管道彻底清洗完成后，用CCTV管道检测机器人、QV潜望镜或3D声呐探测仪等检测设备对管道进行检测，检查检测由专业技术人员（指导）完成，对管道内破损、变形、渗漏、雨水排入等描述其数量、位置、程度等进行记录，保存好原始记录及影像资料，为最终出具成果报告提供原始依据（图6-3、图6-4）。

图6-3　CCTV检测前　　　图6-4　CCTV管道检测机器人
　　　做好安全围护　　　　　　进入检查井内作业

6.3.3　市政管渠养护的资料管理

排水设施维护管理部门应建立健全排水管网档案资料管理制度，并配备专职档案资料管理人员。排水管网档案资料应包括工程竣工资料、维修资料、管道检查资料及管网图等。工程竣工后，排水设施管理部门应对建设单位移交的竣工资料按有关规定及时归档。排水设施管理部门应绘制能准确反映辖区内管网情况的排水管网图；设施变化后管网图应及时修测。排水管网图中应包括以下内容（表6-12）。

表6-12　排水管网图内容

图名	排水系统图	排水管详图
比例尺	1：2000～1：20000	1：500～1：2000
内容	排水系统边界	检查井
	泵站及排放口位置	雨水口
	泵站、污水厂名称	接户井
	泵站装机容量	管径
	主管位置	管道长度
	管径	管道流向
	管道流向	管底及地面高程
	道路、河流等	道路边线、沿街参照物

6.4　雨水管渠养护作业安全防护

6.4.1　一般规定

（1）应对养护作业区域设置安全警示标志，夜间作业时应在作业区域周边明显处设置警示灯，在大面积养护作业区域应加设围挡。

（2）养护作业完成后应及时清理现场，恢复周围原貌，必要时应对作业现场进行消毒。冬季结冰时宜对作业现场进行防滑处理，宜做到清掏污泥不落地。

（3）应按作业程序组织养护作业。作业人员应佩戴供压缩空气的隔离式防护装具、安全带、安全绳、安全帽等防护用品。

（4）井下作业必须执行《下井作业申请表》、《下井安全作业票》及下井许可的规定。

（5）在地道桥下的醒目位置应设置水位安全标尺，提示桥下水位，遇有地道桥积水断交要在桥两侧设置断交警示牌，保证行人车辆安全。

（6）作业人员严禁进入直径小于 800mm，流速大于 0.5m/s，水深大于 0.5m 的管道内检查作业。

（7）从事管道潜水检查作业的单位和潜水员必须具备特种作业资格，作业人员严禁进入直径小于 1200mm，流速大于 0.5m/s 的管道内进行潜水检查。

（8）上岗必须穿戴工作服、安全帽、安全鞋、口罩及安全手套。

（9）设备机具及清理、疏通工具等材料根据施工场地的实际情况进行摆放，以不影响施工，不多增加维护区域为前提。

（10）切实注意安全生产，养护作业人员不得擅自离开施工区域，作业前必须做好通风及井口的防护工作，作业前必须进行有毒、有害气体检测，确认安全。同时应设专人指挥，分工明确，并设专人进行安全监护。井下严禁明火，作业中发现异常情况，应立即停止作业，撤离现场，并及时报告上级。

6.4.2　交通安全措施

（1）在交通流量大的地区进行管渠养护作业时，应有专人维护现场交通秩序，车辆安全通行。

（2）当临时占路维护作业时，应在维护作业区域迎车方向前放置防护栏。一般道路，防护栏距维护作业区域应大于 5m，且两侧应设置路锥，路锥之间用连接链或警示带连接，间距不应大于 5m。

（3）当维护作业现场井盖开启后，必须有人在现场监护或在井盖周围设置明显的防护栏及警示标志。

（4）污泥盛器和运输车辆在道路停放时，应设置安全标志，夜间应设置警示灯，疏通作业完毕清理现场后，应及时撤离现场。

（5）除工作车辆与人员外，应采取措施防止其他车辆、行人进入作业区域。

（6）夜间排水管渠施工时，养护作业区应有足够的照明，并应设置频闪警示标志。

（7）养护作业时应根据施工宽度和现场交通条件，采取局部封闭或全幅路封闭。

（8）检查管道内部情况时，宜采用反光镜、电视检测仪如管线电视检测仪和电视检测机器人或声呐检测仪如管道成像声呐检测仪等设备。

（9）为确保下井人员作业安全，当井深超过 3m，在穿竹片牵引钢丝绳和掏挖污泥时，易发生绳断裂和有毒有害气体增强的现象，故此时不宜下井作业。

（10）有的管段需要封闭作业时，宜采用如橡胶气堵等有效的封堵措施进行封堵，同时，作业时应加强对封堵处进行检查，确保安全。

（11）采用电动或气动引绳器、机动绞车、高压冲洗车及吸泥车等机具，可以改善劳动条件，提高作业安全系数。

（12）井下作业时，发现管道局部的松动、裂缝和损坏，应及时用水泥砂浆等有效的方式修补。

6.4.3 市政管渠流动作业要求

（1）在进行清淤作业时，首先不得过多影响道路交通，及时进行清淤作业，尽量做到清淤作业完毕后，及时恢复道路交通。

（2）排水流动作业时，车辆安全需要注意，需要设置隔离设施，保证作业人员安全。

（3）管渠养护流动作业宜包括吸泥车、清淤车、牵引车等施工车辆的行走作业。作业车辆后方应悬挂移动性施工标志。

（4）行走作业车辆应开启双侧转向指示灯、警示灯或箭式导向灯牌。

（5）作业车辆应限速行驶，不得任意调头、倒车或逆向行驶。

（6）随车排水疏挖作业人员应在车辆前方区域内进行疏挖作业，如需停留作业时，应在车辆后方采取安全防护措施。

（7）在做 CCTV 检测时，高压水车将淤泥稀释，人工配合机械时，注意安全。

（8）CCTV 管道检测时，需对管道通风，若特殊情况，需人员下井，则必须做好毒气检测，气体符合要求后，才能下井操作。

（9）作业人员下井作业时，井上必须有两人监护，并有不同的分工。进入管道内部作业还应在井内增加监护人员作中间联络，及时传递井下或井上信息。监护人员要对井下作业的人身安全负责，密切注意各项动态，严禁擅离职守。

（10）根据国家现行的《城镇排水管道维护安全技术规程》（CJJ 6—2009）有关规定，对管径小于 0.8m 的管道，严禁人员进入管内作业。并且管径小于 0.8m 的管道空间有限，不便于作业；在出现危险时，也不便于人员的撤离。

（11）气体检测结果在安全范围值内是确定下井连续作业时间的标准，有毒气体超过安全范围值和氧气达不到安全范围值时，应中断井下作业时间。有毒有害气体虽在安全范围内，但由于有毒有害气体的存在和空气的流通受限，作业人员在井

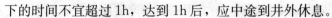

下的时间不宜超过 1h，达到 1h 后，应中途到井外休息。

（12）从人的安全角度考虑，井下有毒气体在不停变化，管道上游的排水和管道堵头的破坏，均有可能危及人身安全，故在井内、管内的时间不宜过长，作业中断时或完成时均应到井外休息。

6.5　雨水管渠养护管理的探索

6.5.1　雨水管渠养护管理在大数据应用中的探索

由于城市建设步伐的不断加快，管网建设越来越多，使得我国的城市管理日益受到政府及社会的高度重视，但与加快推进城市化的形势相比，依然存在许多不容忽视的管理问题：城市规模的无限制扩大，城市人口的迅猛增长，使得市政管渠养护工作中的新问题和矛盾不断出现，管理的难度愈来愈突出。因此，要使市政管渠养护管理更加智慧，更加有效，智慧城市建设显得尤为重要。智慧城市的实现需要通过全面感知、信息共享和智能解题，在城市管网的规划、建设、管理、运行的过程中，运用信息化、智慧化、精细化、可视化等科技手段，推进市政管渠的养护管理创新。

随着互联网、新媒体的不断涌现，以及云计算、物联网等技术的兴起，数据正以前所未有的速度不断的增长和累计，形成如今我们所热议的大数据。它具有规模性、多样性、高速性和价值性四个特征。它已经不同程度地渗透到各个行业领域和部门，其深度应用不仅有助于企业经营活动，还可通过对城市市政管渠信息的智能分析和有效利用，为提高城市市政管渠养护管理效率、节约资源、保护环境和未来管网发展提供决策支持，有效促进城市市政管渠系统各要素间的和谐相处，从而提高城市管理水平，促进智慧城市的建设。

6.5.2 智能化系统的应用与管理

随着我国城市化进程的加快，城市管理的对象和范围也更加复杂，在各类基础数据的基础上构建风险管理体系，可以进一步提升城市管理水平，消除安全隐患和实现快速反应。为主动适应杭州市不断提升的城市发展定位及城市管理需求，贯彻落实杭州市智慧城市建设、信息经济发展等要求，深入实施创新驱动发展战略，以物联网、云计算、大数据、移动互联网等新一代信息技术为动力，实现城区全覆盖、业务全覆盖的智慧排水综合管理平台。

杭州市智慧排水系统平台是"智慧城管"建设的重要组成内容，整合了来自政府和企业、市级和区级多个单位和部门的排水数据，形成排水设施"一张图"，实现综合展示、实时监控、风险预警、辅助决策等智慧化管理功能。可有效辅助管理人员实时掌握设施运行情况，提升管理效能，并达到了节约成本、控制能耗的目的。

智能化系统平台是一个排水业务处理、系统软硬件资源集中使用，数据资源和服务（功能）资源统一共享的集成环境，它可以将分散、异构的业务应用和信息资源进行整合，通过统一的访问入口，实现结构化数据资源、非结构化文档、算法模型资源以及各种应用系统跨数据库、跨系统平台的无缝接入和集成，并提供一个支持信息访问、传递以及协同工作的集成化环境，实现各类排水业务应用的高效开发、集成、部署与管理。

目前市级智慧排水大平台已投入运行，整合城区和水务集团等相关单位现有的河道、低洼点、泵站、重点排污口等现有监测设备的液位，流量、水质、视频等实时监控数据，并进行统一管理，实现了城市排水设施安全正常运行监管。为了进一步增强系统的服务能力，需要自建一定的监测点位的水位、流量、视频监测设备，全面覆盖全市排水监测点监测信息，确实有效提升对城市排水系统的日常监管、运行能力和绩效，实现科技强管，确保城市排水污水设施安全正常运行。通过对数据的深层挖掘和分析，实现对全市排水污水系统的综合评估，为排水设施改善及风险预警提供决策依据，切实提高城市排水管理水平和抵御风险的能力。

通过 Web、移动终端等浏览系统的功能，实现管理，通过多种多样的展现形式，为各级领导、指挥中心工作人员等提供服务。同时，杭州市智慧排水平台预留接口至各区城管局智慧排水系统，用于数据对接、系统对接；杭州市智慧排水平台预留接口至杭州市智慧城管平台，可作为杭州市智慧城管、杭州市智慧城市的重要组成部分。

6.5.3　各平台的数据共享

智慧排水系统平台是智慧城管"一中心，四平台"的行业支撑平台。其在规划、设计、建设过程中，将遵循智慧城管建设的总体思路、基本原则、总体框架、技术规范，并与智慧城管在基础设施、软件平台、信息资源等多个层面实现共享，以减少投资成本，提高信息化应用价值。

智慧排水系统平台是承载未来杭州市排水综合管理工作的主要平台。智慧排水系统平台在规划、设计、建设过程中，将充分吸纳相关单位的需求，积极融入新一代信息技术和先进理念，以建成集信息共享、综合运行监控、应急处理、辅助决策分析、公共信息服务于一体的多功能综合系统平台，并达到省内一流、国内领先的水平。

目前平台已整合了 2017 年前各城区雨水管线与污水收集支管普查及测绘数据、泵站运行数据、感知设备实时数据；整合了市水务集团污水主次干网及相关附属设施设备的普查数据、运行数据等；共享杭州市智慧城管应急指挥平台中的河道水位、视频监控数据；共享了桥隧积水监控系统中的液位、视频数据；共享了河道排放口监控系统中的视频数据等。后续将继续整合各城区最新的雨水管线与污水收集支管以及沿河末端主干道截留井普查及测绘数据，整合气象预警信息、秋涛方渠、浣纱渠雨污截流数据，整合溢流井口工况、实时监测点水位、流量等数据，并通过在全市重点区域部署一系列监测传感终端，实现排水流量、水位、水质、视频数据的实时获取、实时上传，及时掌握排水污水情况，真正做到事故发生的及时报警，将管网安全变被动为主动，辅助杭州市市政设施建管中心工作的顺利开展。

同时通过杭州"智慧水资源"建设，调度杭州周边水资源，有效提高杭州水资源利用水平，建设城市智慧排水系统平台，实现与数字化城市管理平台对接，通过信息、数据、视频共享，对主要污水口情况全面监测。采取数字化信息管理，实现设备管理、监控预警、预测预警、辅助分析、运行管理等综合功能，提升城市排水应对水平，全面提高城市排水防涝设施建设、管理和应急水平。

资源共享是系统建设应用的目的，统一标准是实现信息资源共享的基本条件。各应用系统依据统一的功能规范、统一的业务流程、统一的数据定义与编码、统一的数据交换标准进行建设，达到在统一的网络平台、统一的规范标准、统一的地理空间基础框架和统一的安全保障体系支持下，实现市城管委及相关下属单位、市水务集团、各区城管局等单位间排水信息资源的共享与应用。

6.5.4 存在的问题、应对措施及建议

在杭州市城市排水设施大幅增长的同时，管理与养护中存在的问题也日益凸显，影响了市民的生活品质，影响了"美丽杭州"目标的顺利实现。

（1）法规制度有待进一步完善。为保障杭州市城市排水管理与养护体系建设目标的实现，需要有完善的法规政策作保障，杭州市排水的管理办法需根据现状进行修订，技术规程体系需进一步细化完善。

（2）绩效评价机制有待进一步深化。杭州市需要进一步深化政府购买服务改革方面的具体措施，建立科学合理的排水管理与养护绩效评价机制，使管养资金发挥最大化的社会效益，促使杭州市排水管养水平有效提升。

（3）管理全覆盖有待进一步推进。杭州城市化进程不断推进，城市管理范围也不断扩大，在污水管理逐步精细化的同时，管理盲区也逐步呈现，管理责任需进一步明确，全覆盖管理需进一步推进。

（4）养护经费投入有待进一步加大。随着社会经济的飞速发展，排水设施养护成本逐年上升。而目前杭州市排水设施养护定额偏低，养护经费投入不足，已不能满足现状管理与养护要求。

（5）管养手段有待进一步提高。随着设施量的不断增加，养护质量要求的不断提高，杭州市以人为主的养护手段已不能满足养护质量和养护效率要求，与现代化先进文明城市发展水平不相适应。

第7章 排水设施养护安全技术

7.1 地面作业

7.1.1 一般规定

(1) 城镇道路上作业应先与当地交通管理部门协商,取得交通管理部门同意后才能进场作业。

(2) 进住宅区作业,宜向住宅区管理部门出示有效证件,说明情况。

(3) 作业班(组)安全负责人应对作业人员进行必要的安全操作技术交底,并配置相应的安全劳动和安全防护用品。

(4) 需对管道的构件吊装运输作业时,其作业必须由具有起重和车辆驾驶资格的人员承担,吊物下方严禁有人站立或从事其他作业。

(5) 夏季户外地面作业应有防暑降温的必要措施。

7.1.2 作业现场

(1) 现场作业人员应佩戴职责标志,穿戴必要的防护用品;严禁敞胸、披衣或穿拖鞋等,在不中断交通情况下道路上的作业人员必须穿着有效的反光背心进行作业。

（2）作业现场周边必须设置统一安全设施，包括安全围护栏或安全警告标志带。

（3）作业区域内应设置保证夜间作业的安全警示标志（警示灯、警示灯带、反光交通导向牌等）。

（4）严禁在作业区域内焚烧油毡、油漆以及其他会产生有毒有害气体和烟尘的物品。

（5）作业中产生的泥浆水未经沉淀达标，不得排放到城市排水管道。

7.2　井下作业

7.2.1　一般规定

（1）下井人员应经过安全技术培训，掌握人工急救和防护用具、照明及通信设备的使用方法。

（2）作业人员下井作业时，井上必须有两人监护。进入管道还应在井内增加监护人员作中间联络。监护人员严禁擅离职守。

（3）对管径小于 D800 的管道，严禁人员进入管内作业。

（4）每次下井连续作业时间应根据气体检测结果来确定井下作业时间，但不宜超过 1h。

（5）严禁在井内、管内休息。

（6）井下作业时严禁明火。

（7）下井人员必须系好悬拖式保险带和安全绳。

7.2.2　下井前准备

（1）需下井作业时，必须履行批准手续。有作业班（组）长填写"下井作业安全票"，经企业安全技术负责人批准后，方可下井。

（2）安排每项下井作业任务前，管理人员或作业票填写人员必须查清管径、水深、潮汐以及附近工厂企业污水排放情况，并填入"下井作业票"。

（3）作业班（组）在下井前必须做好管道的降水、通风、气体检测以及安全照明工作，并制定防护措施，填入"下井作业票"。

7.2.3　降水与通风

（1）在下井作业前及期间，管道作业班（组）的管理人员应协调有关部门配合或安装临时水泵以降低作业管段水位。

（2）下井前必须提前开启工作井井盖及其上下游井盖进行自然通风，可用竹（木）棒搅动泥水，以散发其中有毒有害气体。

（3）排水管道经过自然通风后，检测结果证明井下气体中仍然缺氧或所含有毒有害气体浓度超过容许值，则必须继续进行自然通风或机械强制通风，使含氧量的浓度达到规定值，并使有毒有害气体浓度将至容许值以下才能下井作业。

（4）排水管道经过自然通风后若易燃气体浓度仍可能增长达到爆炸范围内，则在井下作业期间必须采用机械强制通风，使管道中易燃气体浓度保持在安全范围内。

（5）采用机械强制通风时，一般可按管道内平均风速0.8m/s计算通风机的风量。

7.2.4　气体检测

（1）空气含量低于18％即为缺氧。

（2）气体检测主要项目为氧气、硫化氢和一氧化碳。

（3）宜采用比色法、仪器法或生物法等简易快速检测方法检测井下气体。

（4）常规气体检测合格后，下井作业仍必须配备有效防毒面具。

7.2.5　照明和通讯

（1）必须采用防爆型照明设备、电力电缆和安全电源，其供电交流电压不得大于12V。

（2）井下作业面上的照明度不宜小于50Lx。

7.2.6　管道疏通

（1）检查管道内部情况时，宜采用反光镜、电视检测仪等设备。

（2）凡井深超过3m者，在穿竹片牵引钢丝绳和掏挖污泥时，不宜下井作业。

（3）管道局部的松动、出现裂缝和损坏，应及时用水泥砂浆修补。

7.3　水下作业

7.3.1　一般规定

（1）作业人员应经过潜水安全技术培训，掌握人工急救和水下防护用具及通信设备的使用方法。

（2）下水作业时，水上必须有两人监护，备有救生设备。

7.3.2　水下作业注意事项

（1）严禁使用具有毒性、易溶解性的修补材料。

（2）粒径小于 100mm 的淤积物采用吸管法，作业是应符合下列要求：①由潜水员进行吸管的水下定位和移动，管口宜高出淤积面 100mm；②清淤时，潜水员距吸管的安全距离应大于 2m；③供风压力由现场试验确定。

（3）粒径大于 100mm 的淤积物采用吸管法，作业应符合下列要求：①开挖机具可选用风镐、索铲、挖泥船等；②开挖机具定位导向标志可采用浮标等；③开挖不得损坏建筑物。

7.4　其他作业

7.4.1　带电作业

（1）带电作业应在良好天气下进行，雷电、雪雹、雨雾天气下，严禁进行带电作业。必须抢修时，应组织有关人员充分讨论并编制必要的安全措施，经本单位主管生产领导批准后方可进行。

（2）带电作业人员应经过专门培训，并考试合格，单位书面批准后方能参加相应的作业。

（3）带电作业应设专职监护人。监护人不得直接操作。监护范围不得超过一个作业点。杆（塔）高处作业必要时应增设监护人。

（4）带电作业有下列情况之一者应停用重合闸，并不得强送电：①中性点有效接地的系统中有可能引起单相接地的作业；②中性点非有效接地的系统中有可能引起相间短路的作业；③作业票签发人或者工作负责人认为需要停用重合闸的作业，严禁约时停用或约时恢复重合闸。

（5）作业时应尽量强调不带电作业，可不带电作业的应断电后作业。

7.4.2　高处作业

（1）安全带（绳）应挂在牢固的构件上或专为挂安全带用的钢架或钢丝绳上，并不得低挂高用，严禁系挂在移动或不牢固的构件上。在没用脚手架或者没有栏杆的脚手架上工作，高度超过 1.5m 时，应使用安全带或采取其他可靠的安全措施。

（2）高处作业应使用工具袋，较大的工具应固定在牢固的构件上，严禁随便乱放，上下传递物件应用绳索拴牢传递，严禁上下抛掷和向下乱掷。

（3）在未做好安全措施的情况下，严禁登在不坚固的结构上进行作业。

（4）梯子应坚固完整，并具有防滑措施；梯子的支柱应能承受作业人员及所携带的工具、材料的总重量；硬质梯子的横木应嵌在支柱上；梯阶的距离不应大于 400mm，并在距梯顶1m 处设限高标志。梯子不宜绑接使用。

7.4.3　户外作业

（1）户外作业应避开高温、暴雨等恶劣天气，作业时应配置相应的劳动保护设施。

（2）高压设备带电体发生接地时，室外不得接近故障点

8m 以内，进入上述范围人员必须穿绝缘靴，接触设备的外壳和构架时，必须带绝缘手套。

（3）室外高压设备上作业时应在工作点四周装设安全围栏，并设置安全警示牌。无关人员严禁越过安全围栏。

参考文献

[1] 中华人民共和国国家标准．给水排水管道工程施工及验收规范（GB 50268—2008）．

[2] 中华人民共和国住房和城乡建设部．城镇排水管道维护安全技术规程（CJJ 6—2009）[S]．北京：中国建筑工业出版社，2010.

[3] 中华人民共和国住房与城乡建设部．城镇排水管道检测与评估技术规程（CJJ 181—2012）．

[4] 浙江省住房和城乡建设厅．翻转式原位固化法排水管道修复技术规程（DB 33/T 1076—2011）．

[5] 陈献忠，徐一骐，邓铭庭．市政排水养护与安全管理 [M]．北京：中国建筑工业出版社，2008.

[6] 谢小青．排水管道运行维护与管理 [M]．厦门：厦门大学出版社，2017.